大人のための水族館ガイド

天野 未知・薦田　章・中村 浩司

錦織 一臣・濱田 武士・溝井 裕一

著

葛西臨海水族園　副園長

錦織 一臣

監修・編著

養賢堂

案内役紹介 (50音順)

【Tide（タイド）等】

天野 未知（あまの みち） Tide 1、コラム2,11、付録 1
　1966年生まれ。多摩動物公園教育普及係長。東北大学農学部卒。井の頭自然文化園教育普及係長、葛西臨海水族園教育普及係長などを経て現職。

薦田 章（こもだ あきら） Tide 6
　1965年生まれ。ふくしま海洋科学館副館長。東海大学海洋学部卒。神戸市立須磨海浜水族園、静岡県下田市役所産業課、関西電力宮津エネルギー研究所水族館副館長、福島県教育庁などを経て現職。

中村 浩司（なかむら ひろし） Tide 3、4、コラム 1,4,7、付録 1
　1968年生まれ。葛西臨海水族園飼育展示係長。日本大学農獣医学部卒。井の頭自然文化園水生物館、葛西臨海水族園調査係長などを経て現職。

錦織 一臣（にしきおり かずおみ） Tide 4、7、コラム 10,13、付録 1
　1968年生まれ。葛西臨海水族園副園長。東京水産大学（現東京海洋大学）水産学部卒、福島大学大学院地域政策科学研究科修了。小笠原水産センター、恩賜上野動物園、多摩動物公園などを経て現職。

濱田 武士（はまだ たけし） Tide 5
　1969年生まれ。北海学園大学経済学部教授。北海道大学水産学部卒、同大学院水産学研究科修了。博士（水産学）。東京海洋大学准教授を経て現職。著書に『漁業と震災』（みすず書房）など。

溝井 裕一（みぞい ゆういち） Tide 2、付録 2
　1979年生まれ。関西大学文学部教授。関西大学文学部卒。同大学院博士後期課程修了。博士（文学）。著書に『水族館の文化史　ひと・動物・モノがおりなす魔術的世界』（勉誠出版）など。

【コラム等】

雨宮 健太郎（あめみや けんたろう） コラム 14：1973年生まれ。葛西臨海水族園教育普及係。コースタルキャロライナ大学海洋学部卒。海をこよなく愛する水族館人。

河原 直明（かわはら なおあき） 付録 2：1973年生まれ。葛西臨海水族園調査係。エッカード大学海洋科学部卒。調査・採集から活魚車運転・調査船操縦・通訳もする裏方。

小味 亮介（こみ りょうすけ） コラム 8：1984生まれ。葛西臨海水族園飼育展示係。東京海洋大学大学院修了。メンダコに深海で会いたい飼育係。

田辺 信吾（たなべ しんご） コラム 9：1971生まれ。恩賜上野動物園両生は虫類館飼育展示係。北里大学水産学部卒。魚獲り大好き人間。

野島 大貴（のじま たいき） コラム 6：1987年生まれ。葛西臨海水族園飼育展示係。東京コミュニケーションアート専門学校卒。海鳥と尿酸値勝負をする飼育係。

野島 麻美（のじま まみ） コラム 3：1987年生まれ。葛西臨海水族園飼育展示係。東京コミュニケーションアート専門学校卒。親しみやすいガイドに情熱を燃やし続ける。

増渕 和彦（ますぶち かずひこ） コラム 5：1969年生まれ。葛西臨海水族園飼育展示係。日本動物植物専門学院卒。若いものには気持ちで負けない潜水のエキスパート。

吉澤 円（よしざわ まどか） コラム 12、付録 2：1977年生まれ。葛西臨海水族園飼育展示係。日本獣医生命科学大学獣医学部卒。たまには濡れていない動物を診療したい獣医師。

【イラスト】

堀田 桃子

大人のための水族館ガイド

はじめに

　こんな大きな魚がいるのかと驚くほど巨大なジンベエザメが目の前を悠然と泳ぐ。フレンドリーという言葉がぴったりのイルカのジャンプで水しぶきが飛び歓声があがる。金属光沢を放つクロマグロの群れがぐるんぐるんと回遊する迫力。陸上ではよちよち歩きのペンギンが水中ではなんと素早いことか。少し慣れてくると地味なものにも目がいくようになる。海草に擬態しているエビを発見できると、つぎつぎにいろんな生きものが発見できるようになる。こんなところにもいたのか。あっ、ここにも。見ていたはずなのに見えていなかったことに気づく。水族館は楽しい。子どもはもちろん、大人も楽しめる。

　「自然から隔絶された生活を余儀なくされている大人の方に、自然への窓口である動物園をとことん利用していただくためのヒントを提供する」目的で『大人のための動物園ガイド』（成島悦雄ほか）は 2011 年 2 月に出版された。東日本大震災が発災するひと月ほど前のことである。思えば「戦後・災前」最後の動物園ガイド本であった。本書はその続編、水族館版の位置づけとなる。

　動物園や水族館が子どものための施設と考えられていた時代はすでにかなり前に過ぎた。今でも子どもたちが学校・幼稚園等の見学・遠足や家族といっしょに水族館を訪れることが多いことに変わりはないものの、大人だけで来館している姿もよく見かける。ひとりだったり、ふたりだったり、数名のグループだったり、水族館を訪れる目的もさまざまであろうが、生きものを見て驚いたり、気づいたことを話したりして楽しんでいる姿を見かけるとうれしくなる。日本では水族館に一度も行ったことがない大人はそう多くはないのではないだろうか。けれども、そういえばしばらく水族館に行っていないなという大人も多いと思う。本書は、そのような水族館に足を運んだ経験はあるが水族館に足しげく通うというわけではない大人をおもな読者として想定している。

　水族館には館内を巡っていく順路を示しているところもある。これは来場者の動線を整えて混雑時の混乱を回避するためでもあるが、その水族館が伝えたいメッセージやストーリーがある場合に見学順路を指定していることが多いように思う。見る順番には意味があるということである。本書も一応はじめから順に読んでいただくと理解がスムーズになるように構成している。各章にあたるところを本書では潮汐とか潮流、時分の意味がある Tide と呼ぶことにした。6 人の筆者が 7 つの Tide の案内役を務める。

Tide 1 は読者のみなさんに水族館職員の友人がいたら、という設定でスタートする。東京にある葛西臨海水族園を例にしてご案内しながら、水族館の楽しみ方、味わい方にはこんな方法もあるということをまずは認識していただこう。Tide 2 では日本と世界の水族館の誕生とこれまでの歩みを辿りつつ今日的課題の一端を考える。続く Tide 3 では、水族館が行っている生物の収集・輸送と調査等について唸っていただくことになるかもしれない。すべての水族館が同様というわけではないが、水族館では飼育生物の採集を職員自らが生息地へ赴いて行っているところが少なくない。動物園と違うところである。Tide 4 では水族館における生きものの飼育展示と繁殖について解説している。水族館の本というとどうしても生物・飼育系の人が書くことが多いため、この Tide で取り扱うような内容に重点が置かれる。優れた専門書も多数あり、新書版の水族館本などでもかなり詳しく書かれているものが多いところなので思い切って簡潔にした。続いて Tide 5 では、これまで必ずしも関連づけて考えてこなかった、博物館施設としての位置づけや日本社会における水族館の存在とはなにかという視点から水族館を捉えなおし、Tide 6 では水族館と食の関係、そして環境問題との対峙について、「環境水族館」を宣言する国内唯一の水族館である、ふくしま海洋科学館（アクアマリンふくしま）を例にかなり踏み込んで述べている。ここまで順に読んでいただければ、水族館についてさらに考えることが楽しくなっていることだろう。同時にいくつかの疑問や疑念のようなものを抱くことになっているかもしれない。そして終わりの Tide 7 では、前 Tide までの落穂を拾いつつ、裏書を眺めつつ、それまでの Tide ではあまりふれてこなかった事項や水族館の課題と周辺領域について述べている。現在の水族館の限界をできるだけ率直に示すことで未来への展望を語る材料となることを意図した。

　複数の執筆者のよって本書は書かれており、魚食や黎明期の日本の水族館に関すること、近年のイルカ問題、動物福祉や動物の権利に関することなど、各 Tide の内容は部分的にオーバーラップするところがあるがあえてそのままにした。見る角度の違いによる捉え方の差のようなものも感じていただけたなら幸いである。

　本書には読者のみなさんとともに水族館の短い旅をする、ちょっと個性的な、どこかに実在しそうな 3 人組が登場する。3 人は水族館のマニアではないが水族館がちょっと気になっている人たちだ。最終 Tide までごいっしょするのでどうか仲よくお付き合いいただきたい。同行する水族館職員と 3 人の会話、感想やコメントには水族館をもっと楽しんだり、考えたりする、いろいろなヒントが隠されているかもしれない。次代の水族館を担う現役の水族館職員によるコラムも楽しんでほしい。

　前書『大人のための動物園ガイド』は、何度か動物園に足を運んだことのある大人がさらに動物園にいってみようと思えるような魅惑的な内容の本であった。とてもバランスがよくコンパクトにまとめられていながらも、網羅的で豊富な内容が盛り込まれていた。動物園の関係者が読んでも大いに参考になるものであったと思う。本書ではコンセ

プトは引継ぎつつも、既存の水族館ガイド本やテキスト類が詳述する、生きものの豆知識や魚類等の飼育に関することについてはかなり絞った記述に留め、動物園と共通する事項についても省略しているので、併せて前書『大人のための動物園ガイド』をぜひお読みいただきたい。自然科学、特に生物学をベースにした水族館の本はじつのところすでに数多く出版されている。旅行ガイドやカタログのようなビジュアルを重視した親しみやすい水族館ガイド本も多数ある。本書では考えることを楽しめる大人を対象に、水族館のヘビーユーザーやマニアではない方々にもわかりやすいようにできるだけ平易な表現を心がけ、人文・社会科学系のアプローチに重心を置いたものとした。随所に少しピリッとしたスパイスをやや多めに加えている。静止した水は淀んでやがて腐っていく。水は動いていた方が清らかであるし、生きものには適度な風と波、時には大きな撹乱も必要である。穏やかで透きとおっていればよいわけでもない。水族館は少しの風波を立てるくらいの存在でいた方がいいだろう。そういう気持ちも筆者らには少なからずある。

　まえがきはこれくらいにして、さあ、遥かなる大海原へ漕ぎ出そう。さざ波寄せる海の入口へご案内しましょう。大丈夫、船酔いのご心配はご無用。

　水と水の生きものの世界にようこそ。

筆者（案内役）を代表して　錦織一臣

いっしょに旅する仲間たち

　本書では、いっしょに水族館の短い旅をする個性的な3人組と少し頼りない案内役の水族館職員が登場します。どうか最後まではぐれずに同行してあげてください。

東京都内の美術大学生。日本画専攻。最近では美術館よりも水族館の方が行く頻度が高いような。動物が特別好きというわけではないがイルカは大好き。魚釣りも好き。

あゆ（21才、♀）
神奈川県横浜市出身。

さより（70才、♀）
千葉県浦安市出身。

結婚を機に福島県いわき市在住。今は年金生活。
孫が2人いる。家の近くに水族館があるが、水族館より動物園の方が好き。特にレッサーパンダがお気に入り。

神奈川県横浜市在住、東京都内勤務のシステムエンジニア。独身。
低層階マンションの自宅で熱帯魚を飼育している。仕事で行き詰まると水族館に行く。

ひらまさ（35才、♂）
東京都杉並区出身。

ふく飼育課長（50才、♂）

東京都内のとある水族館の飼育課長。本書の水先案内役。イセエビ好き。少々毒あり。

Tide のご案内

はじめに（錦織一臣：葛西臨海水族園）　i
いっしょに旅する仲間たち　iv

Tide 1　水族館へ行こう　大人の水族館の楽しみ方・味わい方　1
案内役：天野未知（現 多摩動物公園、元 葛西臨海水族園）

1.1　水族館ならではの楽しみ方　4
(1)　「静」と「動」が同居する空間　4
(2)　「水」を感じる空間　5
(3)　美味しい⁉ 展示生物　6
(4)　とにかく、へんてこな生きものがいろいろ　8

1.2　生きものってこんなにおもしろい！　10
(1)　見方がわかると無限に楽しい　11
(2)　魚が泳ぐのは当たり前⁉　13
(3)　たかが「ひれ」、されど「ひれ」　14
(4)　なにを食べる？どうやって食べる？　15
(5)　いつでも見られる食事の様子　19
(6)　見つからないこと、それが一番　20
(7)　目立つことにも意味がある　22
(8)　もっとも大人的楽しみ方　オスとメス　24
(9)　性を変える戦略　26
(10)　「愛」ではくくれないイクメン　27
(11)　無脊椎動物がいっぱい　まずは探すことから　28
(12)　口はどこ？目はあるの？違うからこそおもしろい　29

コラム1　「エサの話‥エサのエサのエサをつくる」　19
コラム2　「働き者のナマコ」　30
コラム3　ある日の水族館シリーズ①「ある日のおとなガイドツアー」　34

1.3　水族館を楽しむ手助け　31
(1)　名前だっておもしろい　名前ラベル　32
(2)　気軽に楽しむスポットガイド　じっくり楽しむガイドツアー　33
(3)　情報資料室は発見の部屋　33

1.4　もっと深く水族館を楽しむ　34
(1)　大人だって学びたい　35
(2)　ボランティアになる　36

1.5　水族館から出て自然のなかへ　37

Tide 2　水族館の歴史　水族館 その歴史的な歩み　🐟🐟🐟🐟　41

案内役：溝井裕一（関西大学）

2.1　近代水族館の誕生　41
（1）ロンドン動物園の「フィッシュ・ハウス」　41
（2）光と影のマジック　43
（3）グロッタ風（洞窟風）水族館　45
（4）帝国主義のシンボルとして　46
（5）アメリカの水族館　48
（6）日本の水族館　49
（7）臨海実験所の水族館　51

> コラム4　「水質を保つ技術：オゾン・脱窒・電気分解」　53

2.2　「ディスプレイされた海」－水族展示のさらなる発展　54
（1）「生態展示」への道　54
（2）「ダイビング体験」をシミュレート　56
（3）AR（拡張現実）の技術と融合

2.3　これからの水族館のあるべき姿とは？　61
（1）水族館はいま危機にある？　61
（2）環境意識の芽生え　62
（3）「動物の福祉」・「動物の権利」運動に直面して　63
（4）ミッション（使命）の再定義－繁殖と保全をめざして　64
（5）「ヴァーチャル水族館」は代替物たりうるか　67

Tide 3　水族館の調査・収集　さかなを調べる・集める・運ぶ　🐟　73

案内役：中村浩司（葛西臨海水族園）

3.1　水族館の生物収集－水族館の展示生物はどうやって集めているのか？　74
（1）購入する　〜マグロやイワシ、深海魚でさえも買える時代〜　74
（2）分譲・交換する　〜水族館同士、協力し合う時代〜　76
（3）採集する　〜集め方のいろいろ　77

3.2　海外での採集　83
（1）海外で採集するには　〜許可をとる〜　84
（2）年々厳しくなる規制　〜ABS問題〜　84
（3）様々な海外採集　85

> コラム5　ある日の水族館シリーズ②「ある日の潜水訓練」　81
> コラム6　ある日の水族館シリーズ③「ある日の海鳥フィールド調査」　99

3.3　生物を輸送する　93
（1）大型魚（クロマグロ）の輸送　93
（2）海外から生物を輸送する　95

3.4 研究　　97
(1) 研究する 〜水槽で〜　97
(2) 研究する 〜フィールドで〜　99

Tide 4　水族館の飼育展示・保全　さかなを飼う・見せる・増やす　103
案内役：中村浩司・錦織一臣（葛西臨海水族園）

4.1　水族館の飼育展示　　103
(1) 水槽設備　104
(2) 水槽はひとつの生きもの　106
(3) 餌のいろいろ　106
(4) 擬岩　107
(5) 水槽の清掃と飼育係の道具あれこれ　108
(6) 飼育動物の健康管理　110

4.2　飼育生物の繁殖と保全　　112
(1) 飼育生物を繁殖させる意義　112
(2) 繁殖事例　113
(3) 希少生物を保全する　115
(4) 他機関との連携　119

> コラム7　「さかなのうんち」　110
> コラム8　ある日の水族館シリーズ④「ある日のメンダコふ化」　116
> コラム9　ある日の水族館シリーズ⑤「ある日のトビハゼ巣穴調査」　118

Tide 5　水族館と社会　水族館の社会的存在を考える　123
案内役：濱田武士（北海学園大学）

5.1　黎明期から多様であった　　124
5.2　レジャー経済の発展から見た水族館　　126
(1) レジャーとしての水族館　126
(2) 工夫競争がはじまる　127
(3) 巨大施設化する水族館とウォータフロント計画　128
(4) 都市空間に入り込む水族館　130
(5) 動物園と比較すると　130

5.3　博物館の一種？　　133
(1) 法制度からの位置　133
(2) 博物館法から見た水族館の数はどうなっているのか　135

5.4　人と魚の関係から考える　　136
(1) 地域社会の中にある　136
(2) 都市空間から魚が消えている　137
(3) 人と人をつなぐ　138
(4) 動物愛護・動物福祉が強まる中で　139

(5) おわりに　140

コラム10　「イルカの慰霊碑」　141

Tide 6　水族館と環境　食と環境問題と水族館　144
案内役：薦田　章（ふくしま海洋科学館アクアマリンふくしま）

6.1　さかなを食べる水族館　144
(1) 水族館の釣り堀　145
(2) 活魚水槽と番屋　147
(3) 漁師と水族館　148
(4) ハッピーオーシャンズ　Happy Oceans　149

6.2　環境水族館メッセージ　153
(1) 環境水族館宣言　153
(2) 食物連鎖と水槽展示　154
(3) 太陽光が降り注ぐ水槽　155

コラム11　「両生類の危機」　155

6.3　環境水族館と放射能　156
(1) 地震と津波　156
(2) 原発事故と放射能　156
(3) 環境水族館と放射能　158

Tide 7　水族館のこれから　人とさかなと水族館の関係　162
案内役：錦織一臣（葛西臨海水族園）

7.1　人が水族館に求めるもの　162
(1) 水を見たい・浸りたい　163
(2) 生きものを見たい・知りたい　165

7.2　人との関係をつなぐ水族館　172
(1) 水族館と動物園　172
(2) 悩める水族館　175

コラム12　ある日の水族館シリーズ⑥「ある日の魚の手術」　183
コラム13　「東京湾のアオギス脚立釣り」　185
コラム14　ある日の水族館シリーズ⑦「ある日の移動水族館」　198

7.3　これからの水族館　183
(1) 水族館の人と生きもの　183
(2) 人と生きものの関係の変化と水族館　188
(3) 水族館のこれから　194

おわりに　（錦織一臣：葛西臨海水族園）　209

付録1　「さらに知りたい大人のためのブックガイド」　211
付録2　海外に行ったら訪れたい水族館　214

Tide 1

水族館へ行こう

ふく	こんにちは。『大人のための水族館ガイド』ということで、20代、30代そして70代の水族館ファンの大人のみなさん3人にお集まりいただきました。私は今日の進行役・案内役です。水族館で飼育課長をしています、ふくです。よろしくお願いします。
さより	福島県いわき市からきました、さよりです。よろしくお願いしますね。いきなりで申し訳ないのですが、私は特に水族館が大好きというわけではないんですよ。動物園の方が好きかしらね。ごめんなさいね。レッサーパンダはかわいいわね〜。見ているだけで癒されます。
あゆ	TM美大のあゆです。あの〜、ごめんなさい、私も。水族館って嫌いじゃないけど、すごく好きってわけじゃないし。あっ、イルカは大好きかな。かわいいし頭いいし。ジャンプしたりしてすごい。感動！
ひらまさ	「大人のための…」って、子ども向きと思われているものにあえてつけて関心を集めようとするときに使いますね。大人の社会科見学とか大人の夏休みとか。確かに動物園とか水族館って子どもがワアワア喜んで行くところみたいなレジャー施設のイメージが今でも強いと思います。イルカやアシカとかのショーはみんな楽しんでいますし。あの、すみません、ぼくも水族館の大ファンというわけでは…。いや、水族館には行きますよ。仕事でめちゃくちゃ行き詰まったときです。最近はかなり頻繁に行ってます…。あ、申し遅れました。横浜在住のひらまさと申します。
ふく	え〜と、ありがとうございます。というわけで、水族館には行ったことがないわけではない、大ファンというわけでもない大人のみなさん3人ですね。まさにこの本が読者として想定しているみなさんです。
あゆ	はやくかわいいイルカが見たい！イルカのあるある話、聞きた〜い。
ひらまさ	ぼくは熱帯魚を飼っているので、飼育の向上につながるヒントが得られれば。
さより	孫を水族館に連れて行くときに役立つ情報がほしいわね。水族館のヒミツとかも知りたいわ。
ひらまさ	あ、それともうひとつ。水族館の歴史みたいなのはかねてから知りたいと思っていました。ぼくは水族館や動物園って単なる娯楽のための施設ではなく社会教育施設でもあると思っています。水族館は学びの場です。特に都市化が

Tide 1 水族館へ行こう

あゆ　進んだ現代の日本では…。
難しいのより、かわいいのがいいな。イルカ！ラッコ！キモカワでもいいよ。ダイオウグソクムシとか。超巨大深海ダンゴ虫。エサ、何ヶ月も食べないんだって。目のデザインがアウディルックだよね。深海生物って造形が異界的。若冲が見たらどう描いたんだろう。ああ、そうそう、最近気になってるのが「擬態」。別のものに姿形を似せて騙すんだよね。自然はうそつきっていうのがいい。動物の擬態で埋め尽くした日本画を卒業制作にしようかなあ。

ふく　はい、ありがとうございます。いろんな要望がありますね。最近の水族館は様々な人たちにじつに多様な期待がされています。まずは、水族館の味わい方といいますか楽しみ方にはどんな方法があるのか、東京にある葛西臨海水族園を例にしてみていきたいと思います。それでは、水族館と動物園の両方で豊富な勤務経験があり、「楽しく学ぶ」といえばこの人、天野未知さん、トップバッターをお願いします。

大人の水族館の楽しみ方・味わい方
案内役：天野未知（現 多摩動物公園、元 葛西臨海水族園）

　さて、困った。大人のための水族館の楽しみ方がテーマである。今までに水族館で出会った大人の方々を思い浮かべてみる。お子さんと、お孫さんと、カップルで、またはお友達グループで、その利用形態も様々なら、楽しみ方も人それぞれのようだ。一人で訪れ、自分のペースでじっくりと水族館を楽しむ方が増えている印象もある。なかには

写真 1.1　大人のみなさんはどのように水族館を楽しんでいるのだろう？

「なるほど、水族館をこんなふうに楽しんでいるんだ！」と、スタッフの私が驚いてしまうような、ユニークな方も少なくない。そんな大人の方々に、ちゃんとためになる楽しみ方を紹介できるだろうか、自信がない。

　そうだ！まずは、みなさんが実際、どのように水族館を楽しんでいるのかを聞いてみようと、「あなたならではの水族館の楽しみ方を教えてください」という自由記述のアンケートを40サンプルほどとってみた。みなさんじつに協力的であっという間に集まった。その結果の一部をほぼ原文のままあげてみよう。

- 大きな魚を見ると、とてもワクワクする
- 変わった形の魚、色がきれいな魚を見る
- 知らない、見たことがない生き物を探す
- 見慣れている魚の意外な生態の説明を読んだり、聞いたりする
- ガイドツアーに参加する
- 小学生の子どもと一緒に魚や海の生き物の名前を覚えたり、見た目を楽しむ
- 近所なので散歩のついでに寄ってマグロを見る。何年ぐらい生きているのかなど考えながら見る
- 夏は納涼のために訪問する
- サメ好き同士で連れ立って、いろいろな水族館を訪ねる
- 友達に似ている魚を探す
- 魚のなかでイケメンを探す
- 絵の材料を探す
- サメなど高速で泳ぐ生物を上手に写真に撮ろうと頑張ってみる
- その魚が食べられるかどうか考えながら見る
- 身近に水中がある非日常感を楽しむ
- 一つの水槽をぼんやり、ゆっくり眺める
- 来館している子どもたちの素直な反応や興味の持ち方を見る
- ただ見つめるのが良い。大きな海藻が波にゆられている様子や大きなマグロが泳いでいるのを見ているだけで大きな癒し効果がある
- 生き物が生きている姿を見る
- 必ず会いに行く生き物、お気に入りの水槽の前でじっくり時間を過ごす
- 生き物の神秘さや姿を見ることにより自分が無になれ、同じ生かされていることを実感できる

　ここにあげたのは、ほんの一部である。A4サイズの用紙がいっぱいになるほど書いてくださった方もいて、楽しみ方の引き出しをたくさん持っていることもわかった。訪

Tide 1 水族館へ行こう

れる人の数だけ楽しみ方がある、そんな印象だ。いよいよ案内しにくくなってしまった。最初に言い訳をしておこう。ここで紹介する楽しみ方は、あくまでも葛西臨海水族園に勤務している私の立場から紹介できる楽しみ方であり、たくさんある楽しみ方のほんの一部であること。多様な楽しみ方ができることこそが水族館の大きな魅力であり、生きものの魅力であること。久しぶりに会った大切な友人を、時間をかけてゆっくりと水族館を案内するつもりでいこう。「水族館ってこんなにおもしろい、こんなに楽しいところなんだよ！」と、少々おしつけがましくなるかもしれないが、ご容赦いただきたい。

1.1 水族館ならではの楽しみ方

水族館を訪れる方は、動物園にもよく行くかもしれない。どちらも「そこにいけば生きものが見られる施設」であるが、どちらかいっぽうの方が好きという方もいるだろう。お目当ての生きものが水族館にいる、または動物園にいるという理由もあると思うが、展示生物の種類はもちろんのこと、動物園と水族館には他にも様々な違いがある。まずは、その違いに注目して水族館ならではの楽しみ方を紹介したい。

(1)「静」と「動」が同居する空間

水族館の魅力はもちろん生きている生きものの展示にある。しかし、水槽の中の個々の生きものというよりは、水族館そのものの雰囲気が好きな人が多いことも事実である。まずは人々を魅了する水族館特有の雰囲気についてふれたい。

動物園の展示のほとんどは屋外にあるが、水族館の展示は屋内にある。近年、展示手

写真 1.2　かつての井の頭自然文化園水生物館の汽車窓式水槽

法も多様化してきて、天然光をふんだんに取り入れた展示や半屋外の展示も多い。しかし、水族館の展示といえば、暗い観覧通路の両側、もしくは片側の壁に四角い窓のように壁水槽が並ぶのが一般的である。観覧側が暗くて水槽内が明るいという照明の加減は、水槽の中の生きものをよりはっきりと美しく見せるためだったり、光を必要とする生きものを飼育するためだったりするが、それが水族館特有の雰囲気をつくっている。

　さらに、観覧者と生き物はガラスもしくはアクリルで隔てられていることが多い。来園者が生き物と同じ空間を共有する動物園とは大きく異なる点である。匂いや音がほとんどない。そのぶん、生きものの「生」を五感で感じにくいから残念でもある。いっぽうで、絵画のように水槽が並ぶ、まるで美術館のような雰囲気を楽しんでいる大人の方も少なくない。クリスマスの水族館は仲睦まじいカップルでいっぱいになる。水族館をデートで利用する方が多いのも、そんなところに理由があると思われる。

　かつての水族館の展示は、壁にガラス面をはめこんだ同じ大きさの水槽が並ぶ様子が汽車の窓に似ていることから、汽車窓式と呼ばれていた。近年の大型水槽や、トンネル水槽のような多様な形状の水槽も魅力的だが、歴史のある水族館に行くと見られる汽車窓式の展示が個人的には好きである。見学するのは平日の人が少ないときがよい。ひっそりと静まりかえった暗い館内、そこに浮かび上がる水槽の明るい窓。窓をひとつひとつのぞいて行く。そこには生きものがくらす動の世界が広がっている。次の窓にはどんな世界が広がっているのか、静と動のギャップに心がはずむ。開放的な動物園とはまたひと味違う楽しみ方である。もちろん、雰囲気だけではなく、窓の向こうの生きものをじっくりと観察し、そのおもしろさをじっくりと味わえば、さらに楽しいはずだ。

(2)「水」を感じる空間

　水族館特有の雰囲気をつくっているもうひとつの重要な要素は水である。陸上でくらす私たちにとって、水の世界は異空間であり、非日常的な世界である。ダイビングが普及しているとはいえ、海や川に潜る人は限られている。前述のアンケートでも「身近に水中がある非日常感を楽しむ」という回答があった。確かに、水槽の中の生きものというよりも水槽全体の景観や、水の動きを鑑賞している方も多い。近年は何千トンという大型の水槽がそこここにできて、沖縄の美ら海水族館や名古屋港水族館のオニイトマキエイ（マンタ）やジンベエザメが泳ぐ巨大水槽は人気である。大型水槽の前に立って、またはトンネル水槽の下で、水槽の中を群れ泳ぐ魚を見ながら、まるで海に潜ったような気分を味わう方も多いだろう。

　水族園には、成長すると長さが40メートルにもなる大型褐藻のジャイアントケルプが主役の「海藻の林」という水槽がある。大型の海藻を飼育するために波動装置で水槽の中にうねりをつくっており、水が常に動いている。差し込む自然光の中、大きな海藻がゆらめき、その間をメバルの仲間がゆったりと泳ぐ、そんな水槽だ。水槽の前にはべ

Tide 1　水族館へ行こう

ンチがあり、そこに長い時間、座っている人をよく見かける。ゆらめく海藻を中心とした景観が、落ち着きや安らぎを感じさせるのだろう。大人のファンが多い水槽である。

　私の印象に残っているのは、アメリカのモントレー湾水族館のある展示である。この水族館の展示はどれも完成度が高く、すばらしい。「Rocky Shore（岩礁）」というコーナーにあるその展示は、半トンネル状の大型水槽で、その真下で待っていると、定期的に頭上から大量の水が落ちてきて、まるで大波に巻き込まれるような感覚を味わえる。その激しさに、みんな叫び声をあげる。「Wave Crash」という水槽のタイトルどおり、岩に打ちつける波の威力と、そのような環境でも流されることなくくらす岩礁の生きもののすごさを実感してもらうことがねらいであろう。癒される展示ではないが、落ちてくる水塊の迫力に、海の圧倒的な力を感じる展示であった。これも海のひとつの姿である。

　人は自然の中に身を置いたとき、その美しさやすばらしさに、または厳しさに心動かされ、形容しがたい様々な感情をいだく。水族館は生きものを飼育し、展示する施設だが、生きものだけでなく、その生きものがくらす海の環境そのものの様々な姿を再現する場でありたい。最近はやりの照明や映像などを使って自然の海とはかけ離れた人工的な空間を水族館で見せることに、私は違和感を覚える。生きものの本当の美しさは、本来の自然の環境で見せる姿にあるはずだ。どんな完成度の高い展示も本当の海にはとても及ばない。しかし、少しでも本物の海に近づける努力を水族館は続けてほしいと思う。

(3) 美味しい!? 展示生物

　水族館特有の雰囲気について紹介してきたが、がらりと話題を変えよう。葛西臨海水族園で一番大きな水槽は、クロマグロを展示している約2,200トンの水槽だ。

　その前で、群れ泳ぐクロマグロを見ながら大人の方がつぶやく言葉はなんだろう。きっと「美味しそう」だ。「死んだマグロは食べるんですか？」という質問もよく受ける。マグロをライオンやキリンに置き換えて考えると、ありえないことである。ちなみに、質問の答えは「食べません」。死んでしまったマグロは、解剖して死因を調べ、その後は肥料として活用するためにコンポストに入れる。

　考えてみると、水族館の展示生物のほとんどは「食」の対象である。これは、動物園との大きな違いである。水族館の飼育係、例えばマグロの担当者はマグロが大好き。食べるのも好きで、わざわざ青森県大間に行くほどだ。「えっ！一生懸命、マグロを飼っているから食べられないかと思った」と驚く方もいるが、ほとんどの方はこの話を違和感なく受け入れられるだろう。いっぽうで動物園の飼育係が同じことをいったらどうだろう？この感覚の差は、動物園と水族館の在り方の違いに大きく影響していそうだ。

　大人の方からよく受ける質問に、水槽をながめながら「この生きものって食べられるんですか？」というのもある。大型の海藻、ジャイアントケルプを見て癒される方がい

写真 1.3 葛西臨海水族園のマグロ大水槽の前で大人はなにをつぶやく？

るいっぽうで、それが食べられるかどうかを知りたい方もいる。大人の方の関心の持ち方はいろいろでおもしろい。ちなみに、チリ共和国の市場ではスープの出汁に使うのか干したジャイアントケルプを見かけた。チリ共和国も日本と同じように様々な水産物を食する国だが、その生きものが食べられるかに注目するのは、あらゆる海の生きものを味わっている日本人ならではの見方だろう。

　水族館側も、展示をとおし「食」という視点で食文化や漁業に関連する情報を積極的に伝えている。高知県にある桂浜水族館では、名前ラベルにその生きものの流通名や食べ方も紹介している。葛西臨海水族園でも、「東京の海」をテーマにした展示エリアに「東京湾の漁業」という水槽があり、コノシロ（コハダ）やマアナゴなど食卓にのぼる魚を展示している。「すしネタの魚」や「旬の魚」といったテーマでガイドも行う。水族館の楽しみ方として、「食べる」という視点は欠かせない。

　地方の水族館に行くと、その土地で食べられている生きものの調理方法や流通名、旬、漁法などが解説されていて興味深い。旅先で水族館を訪ね、その土地特産の生きものの姿を観察し、夜は居酒屋で地酒を一杯やりながら、それを味わう。大人にしかできない、なかなかの楽しみ方である。

　「食」という視点は教育的にも重要である。教育活動で多くの来園者に接し、気づくのが、いかに今の人たちが自分の食べている魚の生きている姿を知らないかということである。干物や刺身で身近なはずのマアジを見て、「え〜わからない。サンマ？イワシ？」という若いお母さんが多いのは、笑いごとではなく大問題である。水族館は食育の場としての役割も果たす使命があると痛感する。葛西臨海水族園でも学校団体向けに「おすしいただきます！」といったプログラムを行うなど、まだ不十分ではあるが、食育に力

Tide 1 水族館へ行こう

写真 1.4　北海道にあるおたる水族館のマボヤの水槽。旬やおすすめの食べ方を紹介している

をいれている。

(4) とにかく、へんてこな生きものがいろいろ

　水族館の大きな特徴として、動物園よりも「いろいろな生きものがいる」ということもある。「そんなことはないんじゃない？」と思われるかもしれない。「いろいろな生きもの」の前に、「私たち人間とは大きく異なる姿形やくらしを持った」とか、もっとくだいて「とにかく、へんてこな」と付け加えると納得がいくだろうか。

　水族館で見られる生きものを思い浮かべてみよう。メインは魚、魚類である。人気者のイルカやペンギンもいる。イルカはほ乳類、ペンギンは鳥類である。他にはどうだろう？最近、人気のクラゲ、その他にもエビ、カニ、イソギンチャク、タコ、イカ、ウミウシ、ヒトデ、ウニ、ナマコ…、けっこういろいろな生きものがいる。葛西臨海水族園で展示している生きものは約600種、飼育している生きものは1000種近くにもなる。そしてそのうちの約半数は、魚類でも鳥類でもない（葛西臨海水族園では海獣類を展示していない）、まとめて「無脊椎動物」と呼ばれる生きものたちだ。無脊椎動物は、その名のとおり、魚類や鳥類、ほ乳類などの特徴である「脊椎（背骨）」を持っていない生きものたちだ。脊椎動物に比べて注目されず、なじみのない生きものがほとんどだが、地球上の生きもののうち、種数では95％以上をしめる。無脊椎動物の大半をしめる昆

写真 1.5 姿形もくらしも多様な無脊椎動物たち

Tide 1　水族館へ行こう

虫類にはまだ名前のついていないものがごまんといるというから、この割合はもっと多くなるだろう。さらに魚類や鳥類、そしてほ乳類などの背骨を持つ脊椎動物は背索動物門というひとつの門（生物分類上の一階級）の一部に過ぎないが、無脊椎動物には多くの門が含まれる。例えば刺胞動物門のイソギンチャクと節足動物門のエビ、軟体動物門のタコと棘皮動物門のヒトデ。門が違うということは、共通性が少ない大きく異なる生きものである。つまり、似たところがないように見えるゾウとマグロの方が、イソギンチャクとエビ、もしくはタコとヒトデよりもずっとたくさんの共通性があるということだ。

　このように分類学的には、動物園よりも水族館で展示している生きものの方がずっと多様である。しかも、その姿形もくらしも、私たち人間とはまったく異なる、ユニークな生きものばかりである。体からべろべろと胃袋を出して獲物を覆って食べたり、危険がせまったら内臓を吐いて逃げたり、それぞれが生き抜くために、人間の想像も及ばないようなことをやってのけている。水族館は、まさに生きものの多様性を肌で感じることができる場所である。

　京都大学の白浜水族館では、無脊椎動物を分類群別に網羅的に展示している。展示を見て行くと、海から誕生した生命が、いかに進化し多様化してきたかその壮大な歴史を学ぶことができる。水族館で展示できる無脊椎動物の分類群は限られているが、生きものの進化を示す系統樹に沿って生きものを探し、観察するのも水族館の知的な楽しみ方のひとつであろう。

※分類階級について　動物界（Kingdom Animalia）は、まず門（phylum）に分けられ、次に綱（class）、目（order）、科（family）、属（genus）、種（species）という順番で階級が下がり、ツリー状に細分化されていく。それぞれの分類階級の間に亜門や亜目などの中間の階級もあり、複雑である。

1.2　生きものってこんなにおもしろい！

　動物園との違いに注目し、水族館ならではの雰囲気や特徴をいくつかあげてきたが、ここからはより具体的な楽しみ方を紹介していきたい。

　私は教育普及担当として水族館内外で様々な教育活動を行っている。それらの活動で大切にしていることは、子どもでも大人でも同じで、生きものをじっくりと観察し、そのすごさやおもしろさを自ら発見し、「生きものってすごい！おもしろい！」と実感してもらうことである。

　前述したように、水族館を楽しんでいる方のなかには、水族館という空間そのものや水槽全体の景観を楽しんでいる方が少なくない。「生きものを見ることを楽しんでいる」

という方も、大きな魚が悠々と泳ぐ様や色とりどりの美しい魚たちが群れ泳ぐ様を、なんとなく眺めて楽しんでいる方が多いかもしれない。もちろんそれでもよい。水族館のひとつの楽しみ方であろう。しかし、水槽の中の生きものはもっとたくさんのメッセージを私たちに発してくれている。そして、生きものの世界は、もっとおもしろく、もっと奥深い。それに気づかないなんてもったいない。「かわいい」、「きれい」、「美味しそう」の一歩先の世界をのぞいてほしい。そして、奥深い生きものの世界の探索へと踏み出してほしい。私たちが教育活動をとおして、みなさんに期待していることだ。

　さらにいえば、生きものの命を扱う動物園・水族館は、生きものの持つメッセージをきちんとみなさんに伝える使命がある。娯楽のためだけに動物園・水族館が存在することは許されない。動物園・水族館が生きものを健康に飼って見せるのは当たり前。その生きものの魅力を最大限引き出すための展示を創意工夫してつくり、その展示をとおして、その生き物のメッセージをあらゆる方法で伝える努力をすべきだと思う。

（1）見方がわかると無限に楽しい

　しかし、「じゃあ、生きものをおもしろがってみましょう」といっても、どうすればいいのかわからないだろう。そこで役に立つのが、どこをどう見ればおもしろいのか、という生きものの見方、観察の視点である。

　葛西臨海水族園の目玉である「大洋の航海者・マグロ」水槽。100尾ほどのクロマグロが水槽内を悠々と泳ぐ。ギラっと光る銀色の体。曲線を描く美しいフォルム。力強い泳ぎ。水槽の前で、人々はそれに見入り、「すごいね」、「大きいね」、「美味しそう」など感嘆の声をあげる。そこにスタッフが登場し、毎日3回行っている水槽前のスポットガイドがはじまる。

　「さて、みなさんの目の前を泳いでいるのはクロマグロです。

　マグロのお刺身やお寿司が好きな方も多いでしょう。クロマグロはホンマグロとも呼ばれ、マグロの中では最高級、お高いマグロです。でも、美味しいだけじゃないんです。

　クロマグロの生きものとしてのおもしろさを、これからいっしょに観察しましょう！

　まずは、目の前のクロマグロを見てください。泳ぐのをやめて休んでいるものはいませんね。

　クロマグロは岸から遠く離れた広い海、まわりを見渡しても陸が見えない、下を見ても底が見えない外洋を、ずっと泳ぎ続けてくらしています。外洋では岸近くの海にくらべて、生き物はまばらにしかいません。クロマグロは餌を探して泳ぎ続けているのです。

　ところで水槽のマグロはどのぐらいの速さで泳いでいますか？

　今は、私が歩く速さと同じぐらいで泳いでいますが、餌を捕まえるときなどには時速80キロものスピードを出すこともあります。なんと、このドーナツ型の水槽一周90メートルをたった4秒で泳ぐ速さです。水の中を高速道路を走る車と同じくらいの速さで

Tide 1　水族館へ行こう

泳げるなんてびっくりですね。

　それにしても、ずっと泳いでいたら疲れそう!?　いやいや、クロマグロの体には、ずっと泳ぎ続けるくらし、ときに高速で泳ぐための秘密がたくさん隠されているのです。

　例えば、ひれ。魚の体には様々なひれがあり、それを使って泳いでいますが、クロマグロには秘密のひれがあるんです。

　目の前を泳ぐクロマグロのひれに注目してみましょう。実は、今は見えていないひれが「ある時」に飛び出します。

　どこにあるかわかりますか？探してみてください。見つからない？じゃあ、水槽のは

写真 1.6　あれ？背中からお腹からひれが飛び出した！

12

じっこの方、このあたり。カーブするクロマグロに注目！

　ほら！背中からも、お腹からも、ひれが飛び出してきました！あっ、引っ込んだ。

　第一背びれと腹びれです。曲がったり、ブレーキをかけたりするときに、これらのひれが飛び出します。水の抵抗を大きくするのです。

　すごいのは、まっすぐ速く泳ぐときは水の抵抗をなるべく小さくするために、ひれをしまえることです。とくに第一背びれは背中のポケットにすっぽりとしまうことができるのです。ほら、まるでないみたいに見えるでしょ。

　飛行機のように広げている胸びれにも注目です。このひれはゆっくり泳ぐときに広げて、浮く力を得るのに役立っています。よく見ると、体側には胸びれの形のくぼみがありますよ。見えますか？速く泳ぐときは胸びれをこのくぼみにしまうことができるんです。ほら、今、しまいましたよ。こうすれば体のでっぱりが少なくなり、スムーズに泳げます。

　広い海を泳ぎ続けるマグロの秘密、まだまだあるんです。きれいな紡錘形の体の形にも注目してください…（続く）」

　このように水槽前のガイドでは、生きもののどこをどう見ればいいのかを伝え、観察へと誘導する。パッと飛び出し、瞬間で見えなくなる第一背びれを自分の目で発見し、それがなんのためなのかがわかれば、「なるほど！マグロの体はなんてうまくできているんだろう」と納得がいく。いかにマグロが、広い海を泳ぎ続けるくらしに適応したすごい魚なのかが、実感をともなって見えてくるのだ。

　このような生きものの見方、観察の視点をいくつか紹介していこう。今まで、なんとなく見ていた生きものが、より生き生きと、そしておもしろく、さらに尊い存在に見えてくることを期待して。

(2) 魚が泳ぐのは当たり前!?

　水槽の中を泳ぐ魚たち。「魚が泳ぐのは当たり前」と、なんとなく眺めて終わっていないだろうか。その魚はどのように泳いでいるのか？どこを使って泳いでいるのか？ちょっと意識して観察してみよう。

　クロマグロは体の後端にあるひれ、尾びれを左右に振って泳いでいる。三日月型の尾びれは泳ぎ続けるときに効率よく推進力を生み出すのに適した形だ。そして、曲がるときは先ほど紹介した第一背びれや腹びれなど他のひれを巧みに使う。紡錘形の体がまるで弾丸のようにスーッとぶれなく進む姿、瞬間的に背びれや腹びれを出し入れし、驚くほどきれい、かつすばやくターンする姿を見ると、完成された機能美を感じる。

　クロマグロのように前に進むときに尾びれを使う魚は多いが、サンゴ礁でくらすチョウチョウウオの仲間はどうだろう？この仲間は色や模様が多様で、とても愛らしい魚たちだ。たいてい、どこの水族館でも展示している。どこを使って泳いでいるのかに注目

Tide 1　水族館へ行こう

写真 1.7　マグロとチョウチョウウオのひれの使い方は大きく違う

してみると、尾びれよりも体の両側にある 2 枚の胸びれをパタパタパタとよく動かしている。泳ぎ方に注目すると、ひとところにとどまったり、器用に方向転換したり、サンゴの間の狭い隙間を、ぶつかることなく、巧みに泳いでいる。

　このように魚によって泳ぎ方が異なり、使っているひれも違う。水泳のオリンピック選手でもクロマグロの最速スピードの 10 分の 1 程度の速さでしか泳げないし、アーティスティックスイミングの選手でもチョウチョウウオの仲間のように小回りのきく泳ぎはできない。泳ぎに注目してみると、魚たちが何気なくやっている「泳ぐ」ということが、いかに多様で、いかにすごいことかが感じられるだろう。

(3) たかが「ひれ」、されど「ひれ」

　魚の泳ぎのおもしろさを味わうには、基本のひれのつくりを覚えると良い。
　マアジでもサンマでも食べるときに注目してみよう。どこにどんな形のひれが何枚あるのか、開いたり閉じたりできるのか、クロマグロのように体にしまうことができるのかなど。基本のつくりを頭において、いろんな魚を観察してみる。すると、岩のあいだにひそむウツボは「あれ？胸びれがない！」なんてことが見えてくる。ウツボが長い背びれと尻びれで縁取られた細長い体をくねくねとうねらせて泳ぐ様子を観察できたら、「なるほど、この泳ぎ方なら胸びれはなくても大丈夫」と思うかもしれない。
　タツノオトシゴの仲間のひれを探すのも楽しい。例えば、ちぎれた海藻に擬態するリーフィシードラゴン。彼らの体から突き出る葉っぱのようなビラビラはひれではなく、皮膚が変化したものだ。本当のひれは透明で見えにくい。海藻になりきるには見えない方がよい。じっくり見ていると、光の加減で、ひらひらと動く透明の胸びれや背びれが見

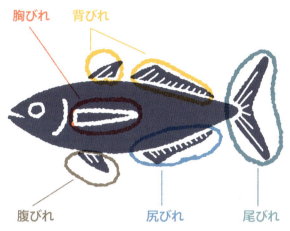

図 1.1　魚の基本のひれを覚えよう

つかるだろう。泳ぎ方もまるでちぎれた海藻が漂うようだが、じつは必死でそれらのひれを動かし泳いでいるのだ。それを見ると、水に浮かぶハクチョウが水面下では必死に足をばたつかせているという表現を思い出す。枯れた海藻様の模様など姿形の細部まで、さらに泳ぎ方までこだわった彼らの擬態は完璧ですばらしい。

　ひれを観察する楽しさは他にもある。ひれを泳ぐためではなく、歩くために使う魚もいる。干潟の泥の上でくらすトビハゼだ。魚なのに陸でくらすというユニークなトビハゼが、泥の上をどうやって移動するかを観察してみよう。体の両側にある胸びれをまるであしのように使って、じょうずに歩く。2枚の胸びれは丈夫で、動かすための筋肉が発達している。その他にもホウボウのようにひれの一部が変化した指のようなものを、えさを探す道具として使っている魚もいる。水槽の中で、実に巧みに動かしているのを見ることができる。アンコウの仲間が持つ、獲物をおびき寄せるための釣り竿も、実は背びれの棘が変化したものだ。

　それぞれの生息環境にあわせて、くらしにあわせて、ひれのつくりや使い方が異なり、なかには、ひれを泳ぐことだけではなく、異なる用途に使う魚もいる。魚の泳ぎ方やひれに注目するだけで、これだけのおもしろい発見ができる。

(4) なにを食べる？どうやって食べる？

　魚も、もちろん生きていくためになにかを食べている。その魚がなにをどうやって食べているのか、そんな視点で観察するのもおもしろい。水族館に出かけたら、最初にチェックするとよいのは餌の時間だ。たいていどこの水族館でも餌の時間をお知らせしている。葛西臨海水族園ならマグロやペンギンの展示など、いくつかの展示では餌の時間が決まっており、それにあわせてスタッフが水槽前でガイドを行う。お知らせがない水槽でも、見ていたら偶然にも餌が落ちてきたなんていう幸運もあるだろう。

Tide 1　水族館へ行こう

写真 1.8　リーフィシードラゴンとドクウツボ。基本のひれと比べてみると

写真 1.9　左からトビハゼ・ホウボウ・グースフィッシュ（アンコウの仲間）。ひれの使い方はいろいろ

　餌の時間は生きものがもっとも生き生きするときである。葛西臨海水族園のマグロ大水槽の餌の時間は午後2時30分。その時間が近づくにつれ、水槽全体がざわざわと落ち着かなくなるのもおもしろい。そして、いざ、水面から餌が投げ込まれると、何十尾ものクロマグロが回転しながら水面に突進し、その軌跡が大きな渦をつくり出す。実にダイナミックな光景だ。
　その様子を楽しむとともに、クロマグロがどうやって餌を食べているかにも注目してほしい。勢いよく餌に突進し、餌のアジやイカを丸呑みしているはずだ。このときは、

1.2 生き物ってこんなにおもしろい！

写真 1.10　上からイシヨウジ・クギベラ・ギチベラ。口の形もいろいろ

Tide 1 水族館へ行こう

写真 1.11 クロマグロ（左上）・タマカイ（右上）・オオモンハゲブダイ（下）。歯もいろいろ

マグロの巧みな泳ぎと、先ほどの秘密のひれがしっかり飛び出すのも観察できる。

　餌の時間でなくても、その魚がなにをどうやって食べているのか想像しながら観察するのは楽しい。手がかりは、例えば口の形。サンゴ礁の魚は色や模様だけでなく、口の形もいろいろだ。ヨウジウオの仲間、イシヨウジのストローのような細長い口は、水中を漂う小さな生きものを吸い込むのに便利。ピンセットのようなクギベラの口は、サンゴの隙間の小さな生きものをつまんで食べるのに便利。ギチベラの驚くほど伸びる口は、「まだ大丈夫」と油断している獲物を、離れたところからゴボっと瞬間的に吸い込むことができる。

　もしも口を開けたときに歯が見えたなら、それも手がかりになる。例えば、クロマグロの歯。クロマグロの歯を意識している人はほとんどいないので、「マグロにも歯がありますよ」というと、みなさん「はっ」とし、一生懸命探しはじめる。ぽつぽつと並ぶ歯は小さくて、目をこらさないと見つからない。その分、見つかればうれしい。「あった！」

と思わず声がでる。米粒のような小さい歯は食いちぎる歯ではなくて、丸呑みするときに獲物をおさえる歯だ。さわってみると意外に尖っていて引っかかる。ハタの仲間のタマカイの口は大きく、歯もよく見える。まるでおろしがねのように小さな歯が並んでいる。この歯も、丸呑みするときに、捕えた獲物を逃がさないようにおさえるのに役立つ。ブダイの仲間の歯は、探さなくても丸見えだ。英名のパロットフィッシュという名のとおり、オウムのくちばしのような形の丈夫な歯で、サンゴなど硬いものをがりがりと削って食べる。

こんな口だったら、こんな歯だったら、なにをどうやって食べるのか想像するのは楽しい。

(5) いつでも見られる食事の様子

四六時中、餌を食べる様子を見せてくれる、展示生物としてはとても優秀な魚もいる。例えばマイワシ。しばらく見ていると、「あごがはずれた？」と思うほど大きく口を開ける様子が観察できる。口を開けて、なにをやっているのだろう。実は、マイワシは泳ぎながら、水中の小さな生き物を水ごと口から鰓へと流し、鰓にあるくし状の構造で濾しとって食べているのだ。呼吸のための鰓をこのように食事に使うのもおもしろい。

サンゴ礁にくらすサザナミハゼもすばらしい魚だ。水槽の底の砂をパクッとくわえたかと思うと、鰓からサラサラと砂をこぼす。この「パクッ・サラサラ」という行動を、開園時間中は、ほぼ休むことなく見せてくれる。「あれ、なにしてるの？」と不思議に

コラム1

「エサの話‥エサのエサのエサをつくる」

飼育生物が実際に野外で食べている餌そのものを用意することは、ほとんどできないが、実際の食性に合わせて、できる限り近いものを用意している。乾燥した人工の餌から市場で手に入る魚介類などさまざまである。藻類を食べている魚には、海苔やワカメなども与えることがあるし、小松菜などの野菜も与えている。

生きた餌しか食べない生物には、活餌を与えている。活餌には、ゴカイという釣り餌として使用するミミズの仲間やイサザアミなどの甲殻類、顕微鏡でしか見えない微小なシオミズツボワムシというプランクトンなど多種多様。活餌は当然生きているため、長時間飼育していると徐々に体内の栄養を使い、体力を消耗してしまう。つまり、栄養価が落ちてくることになってしまう。活餌をせっかく与えても、栄養価が低かったら、元も子もない。よって、活餌に餌を与えて飼育し、栄養価を高くした状態で餌として使うのだ。ブラインシュリンプに栄養価の高い餌を与え、そのブラインシュリンプをイサザアミに与え、そのイサザアミをタツノオトシゴなどの餌として与えることもできる。活餌を維持するには餌を飼育することも重要なのだ。
（中村浩司）

Tide 1　水族館へ行こう

写真 1.12　砂をくわえては、鰓からサラサラと出す行動を観察できるサザナミハゼ

思うだろう。彼らは砂の中の小さな生きものや有機物を砂ごと食べて、やはり鰓にあるくし状の構造で濾しとっている。効率は悪いが、他の生きものが利用しない餌資源を活用する、これも賢い戦略である。葛西臨海水族園では、冷凍のコペポーダ（小さな甲殻類）をスポイトで砂の中に入れている。

　餌を探す道具を発達させているものもいる。名前が人気のオジサンは、名前の由来となった2本のヒゲが、餌を探す道具だ。ヒゲがまるで別の生きもののようにヒョロヒョロと動く様子を水槽で頻繁に観察できる。ヒメジの仲間はすべてこの2本のヒゲを持っている。

　海の中の生きものすべては、食べる食べられるの関係で網目状につながっている。食べるための工夫あれば、食べられないための工夫もある。

(6) 見つからないこと、それが一番

　どんな生きものも食べられたら終わり。だから、食べられないための身を守る術を身につけている。その魚はどうやって身を守っているのか、という視点で観察してみるのもおもしろい。

　大きく成長するクロマグロにも小さいときはあるし、もちろん敵（捕食者）がいる。クロマグロの場合は逃げるが勝ちというのもあるが、他にも身を守る術を持っている。ひとつは体の色だ。ぱっと見ると銀色一色に見えるクロマグロも、よく観察してみると、背中側とお腹側の色は微妙に違う。水槽でその違いを確認するには、背中側を見下ろしたり、お腹側を見上げたりするとよい。体色の違いにはこんな効果がある。捕食者が上からねらってきたときは、背中側の黒っぽい色が暗い海の底の色にまぎれて見えにくい。

写真 1.13 オニダルマオコゼは姿形が岩にそっくり。おまけにほとんど動かない

　反対に下から見あげたときは、お腹側の明るい色が、太陽光や月光の差し込む海の表層の明るい色にまぎれて見えにくい。イワシやサンマを食べるときに、彼らの体の色に注目すると同じような違いに気づくだろう。沖合を泳ぐ魚は背中側が暗い色、お腹側が明るい色のことが多い。

　敵に見つかりにくいということは、獲物にも見つかりにくい。食べることにも役立つのだ。見つかりにくくする工夫、擬態の術はいろいろある。カレイやアンコウの仲間のように、周りの環境に溶け込むように隠れる術もあるが、食べられないもの自体に化けるというのもある。岩に化けるオニダルマオコゼや、先ほど紹介したちぎれた海藻に化けるリーフィシードラゴンなどだ。彼らを観察するとき、姿形ばかりに目を奪われがちだが、ぜひ行動にも注目してほしい。岩のように動かないのも、簡単に思えるが、じつは難しい。彼らは呼吸のために動かす必要がある鰓ぶたさえも、鰓孔を小さくすることで、極力、目立たないようにしている。水槽で体半分砂にうまり、岩のようにじっとして動かない彼らのこっそり動いている鰓孔を探すのも楽しい。彼らがいかに巧みに化けているかが見えてくるだろう。

　展示では生きものが見えないと困るので、それなりに見えるように工夫しているし、「ここにいる」と思って見れば、なんとか見つかるものだ。しかし、実際の海では、彼らは本当に見つからない。私は長い間、展示生物の採集を担当する係におり、いろいろな海で生きものを捕まえてきたが、常に生きものの巧みな擬態にだまされ、翻弄されてきた。しかし、不思議なことに一度見つけることができると、サーチイメージができあがり、その生きものが周りの景色から浮き上がって見えるという体験もした。そんなときは「やったー！」と叫びたくなる。実際に生きものの世界では、どんなに巧みに擬態

Tide 1　水族館へ行こう

しても、それを見破るやつが現れる。どんな身を守る術も「絶対に大丈夫」ということはない。水槽の中でも毒のあるミノカサゴを食べたドクウツボがけろっとしていたことがある。気の遠くなるような長い年月をかけた食べる側と食べられる側の戦いの歴史が、驚くような擬態を私たちに見せてくれるのだ。簡単な生きもの探しは水槽でも楽しめるので、ぜひ、トライしてみてほしい。

(7) 目立つことにも意味がある

　いっぽうでサンゴ礁の暖かい海にくらす魚は、色も模様も鮮やかで目立つものが多い。しかし、実際にサンゴ礁の海に潜ると、色とりどりのサンゴの間に、これまた生きものの多彩な色があふれていて、水槽の中ほど目立たないことは確かだ。また、たくさんの種類の生きものがひしめき合ってくらすサンゴ礁では、体の色や模様が、たくさんの生きものの中でお互いを見分けたり、なにかを伝えるための信号となっているらしい。それが、相手をだましたり、または自分が危険であることを伝え、身を守る役割を果たしている場合もある。

　サンゴ礁でよく見られるチョウチョウウオの仲間は、色や模様が美しく、まさに陸上のチョウのようである。そしてチョウの羽と同じく、体に目玉模様を持つものも多い。本物の目はどうなっているかといえば、黒い帯模様で隠し、目立たないようになっている。目を襲われたら致命的。本物の目は隠して、偽の目玉を目立たせているのだ。偽の目玉は逃げる方向をまどわすのにも使える。目玉模様がない魚でも、目の上に暗い色の帯模様を持っているものは少なくない。

　毒や棘を持つものが自分が危険であることをを周囲に知らせるために、存在自体がや

写真 1.14　背びれに目玉模様を持つトゲチョウチョウウオ。本物の目は目立たない

写真1.15 ミノカサゴ（上）とアキレスタング（下）。武器を持つことをアピールしている

たらと目立っていたり、武器の部分だけを目立たせたりしている場合もある。例えば、ひれの棘に毒を持つミノカサゴの仲間は、ひらひらした大きなひれが目立ち、まるで派手なパーティドレスを着ているかのようだ。海の中で近づいても逃げずに、「私は毒があるのよ」とひれを見せびらかすように泳いでいるからおもしろい。尾びれの付け根に鋭いナイフのような棘を持つニザダイの仲間には、ナイフ自体やその周囲を目立つ色で目立たせているものがいる。アキレスタングは黒い体に、棘がある部分を含む真っ赤な斑紋が際立って目立つ。目立っているところに注目するのもおもしろい。

　だからといってすべての色、模様に適応的な意味があるわけではないだろう。そもそも海の生きものに、色や模様が私たちと同じように見えているかどうかはよくわかっていない。今、考えられている説もほとんどは人間が状況証拠から推測しているに過ぎない。色や模様が身を守るのに実際に役立っていることを証明するのはとても難しいから

Tide 1　水族館へ行こう

写真 1.16　毒のあるシマキンチャクフグ（左）にそっくりなノコギリハギ（右）

だ。それでも、「なぜ、こんな色や模様をしているんだろう？」「もしかして、この模様はこんなことに役立っているかも」と想像を巡らすのはとても楽しい。

　最後に、驚くような身の守り方の一例を紹介しよう。昆虫の中には、蟻酸を持つアリや毒針を持つハチそっくりに擬態して身を守るものがいるが、魚の中にも同様のやりくちを持つものがいる。ノコギリハギというカワハギの仲間だ。ノコギリハギはシマキンチャクフグという魚に姿を似せている。似方が半端なく、ぱっとみただけでは、その違いはわからない。よく見ると、ひれの形が異なることに気づくだろう。毒のないノコギリハギは、毒のあるシマキンチャクフグに擬態することで身を守っているのだ。なぜ、ここまで似せられたのか、進化の不思議を感じる魚だ。水族館でこの2種を見かけたらぜひ、注目してほしい。

　水の中を泳ぐ、または泥の上を歩く。広い海を泳ぎ続ける、サンゴの狭い隙間を巧みに泳ぐ。獲物を探し、追いかけ、捕まえて食べる。海底でじっと獲物を待ち伏せるものもいる。わざわざ、餌を探したりせずに、砂や海藻など豊富にあるものを餌とするものもいる。いっぽうで生きものは常に敵からねらわれる運命にある。生き残るためには身を守らなくてはいけない。その方法もいろいろで、いくつもの術を身につけている。そうやって生き延びて、果たすべきもっとも重要なことは繁殖である。

(8) もっとも大人的楽しみ方　オスとメス

　「オスとメス」というテーマはもっとも大人向けかもしれない。生きものの生々しい「生」を感じることができるし、井戸端会議的な楽しさもある。生きものは自分の子どもをなるべく多く残そうとする。正確には自分の遺伝子を持つ子ども、しかも繁殖可能になるまで生き残る丈夫で健康な子どもである。一生のうちにどれだけの子孫を残せるかを適応度といい、どの生きものも適応度を高めるために一生懸命である。その戦略は多様、かつ利己的でおもしろい。

写真 1.17 アカシュモクザメ。交尾器（クラスパー）があるのがオス

　まずは、水槽の中でオスとメスを探すことからはじめてみよう。「オスとメス」をテーマにしたガイドツアーでは、最初にマイワシのオスとメスを探すことからはじめる。みなさん、一生懸命、目の前のマイワシに違いがあるのかを探す。じつは、いくら見てもわからないのだが、それを自分の目で確かめてもらいたい。オスとメスが外見でわかる魚はそれほど多くないからこそ、わかればおもしろい。マイワシの次は、いっしょに展示されているアカシュモクザメのオスとメスを探してみる。サメ・エイの仲間は、オスであればお腹に2本の交尾器（クラスパー）がある。それを伝えると、サメのお腹を覗き込んでの、オス探し、メス探しがはじまる。水族館でサメ・エイを見つけたらやってみよう。2本あるのは、2枚ある腹びれが変化してできたものだからだ。2本をどのように使うか想像するのも楽しい。サメの仲間に交尾器があるのは、体内受精するためである。海にくらす魚の約9割は、放卵、放精し、卵と精子は水中で受精する体外受精なので交尾器は必要ない。交尾器を持つ魚はわずかである。

　しかし、外見でオスとメスがわからない魚でも、繁殖期に見せる行動や体色から見分けられる場合がある。例えばクロマグロは繁殖期になるとオスがメスを追いかける「追尾行動」を観察できる。一匹のメスを複数のオスが追いかけ、追いかけっこの末、放卵放精する。水槽でも見られるこの追尾行動は、とても迫力がある。オスはメスの近くにいくほど、自分の精子の受精率が高くなるから必死で追いかける。速く泳げる優秀なオスの遺伝子を選ぶためだろうか、メスはそれを振り切るようにジグザグにすばやく泳ぐ。追尾のとき、興奮したオスの体には横縞がうっすらと浮かびあがる。

　このように水槽の中で同じ種類の魚が、追いかけっこをしたり、ひれを広げて見せびらかしたり、なにかお互いを意識し合うような様子を見せていたら、オスとメスのドラマが繰り広げられているかもしれない。そのときの体の色にも注目である。葛西臨海水族園でも、水槽の中で様々な魚の繁殖行動を見ることができる。例えば干潟の泥の上に

くらすトビハゼ。夏頃、水槽の中で体がうっすらとオレンジ色になったオスが、体の後端をくねくねとさせるダンスやジャンプを見せてくれる。求愛行動なのだが、メスはそっぽを向いてつれなく見えることが多い。オスはメスを産卵用の巣穴に連れ込むことができるのか、見ていると「頑張れ！」とか「へなちょこ！」とか言いたくなる。オスとメスの行動観察では、なぜか私的感情が入ってしまう。

(9) 性を変える戦略

　オスとメスをより深く楽しむには、繁殖するうえでのオスとメスの立場の違いを知っておくとよい。オスは小さな精子（配偶子）をたくさんつくる性、メスはオスに比べ、ずっと大きな卵（配偶子）を少なくつくる性である。この差が、オスとメスの様々な駆け引きにつながっている。

　ベラの仲間には、同じ種類なのに色や模様が異なる個体がいる場合がある。例えば、クギベラやヤマブキベラなどである。この仲間を見つけたら、水槽の中で大きくて、色や模様が派手な個体を探すと良い。それがオス、小さくて地味なのがメスである。たいていは水槽にオスは1匹だけか、もしくはオスの方がメスよりもずっと数が少ないはずだ。色や模様は自分が「オスである」、「メスである」という信号である。

　魚の性がおもしろいのはこれからだ。この水槽からオスを取り除くと、メスの中でもっとも大きな個体がオスへと性転換するのだ。色や模様が変わり、それとともに体の中では卵ではなく精子をつくるようになる。なぜ、こんなことをするのだろう。これも適応度で説明ができる。

　ベラの仲間であるホンソメワケベラはお掃除魚で知られている。オスとメスの色・模様の差は顕著ではないが、体のサイズ差は明らかだ。彼らの繁殖生態は、強くて大きいオスがなわばりをつくり、その中の複数の小さなメスと一夫多妻のハレムをつくる。こ

イニシャルフェイズ　　　　　　　　　　　　ターミナルフェイズ

写真 1.18　うその信号（体の色・模様）でメスのふりをする個体もいるブルーヘッド

の場合、小さなオスが繁殖に参加するのは難しい。そこで、小さいうちはメスとして卵を産み、成長してなわばりを持てるようになったらオスへと性転換し、たくさんのメスと繁殖した方が、一生のうちに残せる子どもの数は多くなる。魚の場合、性を変えることはほ乳類や鳥類に比べ、構造的にも機能的にもそれほどコストがかからないのだろう。だからこそ、適応度を高める戦略のひとつとして性転換が進化したのだ。

　ところが研究によって、さらにすごい戦略が明らかになった。オスなのに「メスである」という信号を発し、だます戦略である。カリブ海にくらすブルーヘッドというベラの仲間は、やはり基本的にメスからオスへ性転換し、色・模様が変わる。ところが、地味な色・模様の個体の中に、なんとオスがいることがわかったのだ。メスのふりをしたオスというわけだ。このオスは、本物のオスにメスと見なされ、攻撃されないのをいいことに、放卵・放精するペアに割り込み、自分の精子をちょろっとかけたり、または「にせメス」で集まって数の力で、目的を果たしたりする。このようにメスのふりをしたオスがいる可能性がある場合、色・模様でオスメスが判別できないので、葛西臨海水族園の名前ラベルでは色・模様の2型を「ターミナルフェイズ（最終的段階）」「イニシャルフェイズ（初期段階）」としている。

　人間からみると、「そこまでやるのか」と思える戦略である。

(10)「愛」ではくくれないイクメン

　水槽の中で魚たちが卵を守る様子を見られることも多い。例えば、クマノミはイソギンチャクの近くの岩に産みつけた卵をふ化するまで守る。守るのはオスとメスだが、どちらかといえば、オスの方が口で卵のゴミをとったり、ひれで新鮮な海水を送ったりと、

写真 1.19　口の中で卵を守るフェインスポッテッドジョーフィッシュのオス

Tide 1　水族館へ行こう

甲斐甲斐しく世話をしている。他にも、オスが口のなかで卵がふ化するまで守るアゴアマダイ（ジョーフィッシュ）の仲間やテンジクダイの仲間など、魚の世界は、ほ乳類や鳥類にくらべ、オスが卵や子どもの世話をする場合が多い。最近はイクメンという言葉がはやり、「この魚はオスが卵を守るんですよ」と説明すると、女性陣は必ず「いいわね」という顔をする。

　しかし、そこにもオスメスそれぞれの適応度を高めるための戦略がある。例えばクマノミはイソギンチャクからほとんど離れずにくらすが、その限られた空間で繁殖できるのはたいてい1ペアである。つまり、一夫一妻で繁殖するのだが、なぜオスがおもに卵を守るのかといえば、卵の方が精子をつくるよりもコストがかかるため、メスには餌を食べてもらい、卵をたくさんつくってもらった方が、オスにとっても残せる子どもの数は多くなるからだ。ここでは詳しく紹介しないが、繁殖戦略をさらに複雑にしているのは、クマノミの仲間ではベラの仲間とは逆にオスからメスに性転換することだ。魚の繁殖戦略は奥深い。

　オスの卵の守り方は、体にくっつけたり、お腹の袋に入れたりといろいろだが、餌を食べずに口の中で卵を守るオスは、世の女性からもっとも賞賛を浴びるだろう。しかし、これも愛情いっぱいのお父さんという単純な話ではない。テンジクダイの仲間、オオスジイシモチの研究では、オスが口の中で守るはずの卵を食べてしまい、その後すぐに、違うメスの卵を守る行動が観察されている。調べてみると、自分よりも体が小さなメスと繁殖した場合、その卵は食べて自分のエネルギーとし、次のより大きなメスとの繁殖に備えていることがわかった。口の中で一定の期間、卵を守る手間は、卵の数に関わらずほぼ同じだ。ならばよりたくさんの卵を守った方が適応度があがるということだろう。テンジクダイの仲間は水族館でよく展示されている。もしもあごが大きく膨れた個体がいたら口内保育中かもしれない。その姿はけなげだが、「愛」ではくくれない利己的な駆け引きがあることを知っていると、さらにおもしろいだろう。魚類のオスメスの繁殖戦略についてはよく研究されていて、本もたくさん出ているので、興味のある方はそのどろどろした世界をのぞいてみよう。

（11）無脊椎動物がいっぱい　まずは探すことから

　最近、深海にくらすダイオウグソクムシが人気となったが、この仲間（等脚類）は海の中に驚くほどたくさんの種類がくらしている。海辺で見るフナムシも、魚の舌につく寄生性のタイノエも同じ仲間だ。くるっと丸くなるオカダンゴムシなど陸上で見られる種はわずかで、5000種もいるうちのほとんどは水の世界で生きている。生命は海で誕生し、その一部が長い年月をかけて陸上に進出した。海の生きものの世界は昆虫類をのぞけば、陸上よりもはるかに多様だ。水族館では魚ばかりに目がいきがちだが、ぜひ、無脊椎動物にも注目して欲しい。

写真 1.20　葛西臨海水族園の「深海の生物」の水槽。名前ラベルを見ながら生き物を探してみよう

　といっても、彼らはほとんど動かなかったり、生きものにすら見えなかったりするので、その存在に気づけないかもしれない。そこで、おすすめは、名前ラベルの生きものを水槽で1種ずつ探していくことだ。葛西臨海水族園の展示コンセプトは、海を切り取ったような展示である。魚だけではなく、海の生態系を構成する多様な生きものの展示を目差しているので、小さな水槽にも名前ラベルが貼りきれないほどたくさんの生きものがいる。名前ラベルを見ながら生きものを探してみよう。例えば「深海の生物」水槽の名前ラベルを見てみる。トリノアシ、オオグソクムシ、ヤマトトックリウミグモ、カンテンヒメナマコ、テヅルモヅル…名前だけでもおもしろい。探してみれば、今まで気づかなかった生きものの存在に気づいたり、「これも生きものなの？」と驚いたり、新しい発見があるかもしれない。

(12) 口はどこ？目はあるの？違うからこそおもしろい

　無脊椎動物の姿を水槽で見つけたら、今度はよく観察してみよう。いっけん、まったく動かないように見えるものも、じっくり見てみると、体のどこかがわずかに動いているかもしれない。じっとしているムラサキウニだって、よく見れば棘の間から髪の毛のような細いあし（管足）がにょろにょろと伸びているのに気づく。

　人間の体のつくりと比べながら、「口はどこ？目はあるの？」という視点で観察するのもおもしろい。エビやカニはそれほど難しくないかもしれないが、例えば、水槽の底にごろんと転がるマナマコ。たいてい、どこの水族館でも展示しているし、タッチプールでさわれるところもある。転がったキュウリのように見えるが、ちゃんとあしもあり、口もおしりの穴もある。人間と同じような目はないが、体全体で明るさを感じることが

Tide 1　水族館へ行こう

写真 1.21　マナマコ（左）・シロウミウシ（中央）・ミドリイソギンチャク（右）
口はどこ？あしはあるの？どうやって動くの？

　できる。水槽でも、運が良ければ、吸盤付きのたくさんのあしを使ってゆっくりと歩く様子、口からブロッコリーの房のような触手が出てきて、砂をくっつけ体のなかに運ぶ様子や、口と反対側にあるおしりの穴から砂のうんちをプルンと出す様子を見られるかもしれない。マナマコは砂の中の有機物を砂ごと食べ、きれいな砂をうんちとして出す。水槽の底にウインナーのような砂の塊が落ちていたら、うんちである。水槽の中のナマコは展示物としての役割の他に、底砂の掃除という重要な役割もある。タッチプールで、マナマコを見て「気持ち悪い！」と手を引っ込める人も、「ほら、あしもあるし、おしりの穴も見えますよ」と伝えると「なんだか、かわいい」というから不思議だ。

　無脊椎動物は、その姿形の多様性にも驚かされるが、餌の食べ方も、身の守り方も、繁殖の方法も、これまた、びっくりするようなことばかりである。それが見えてくると、

コラム 2

「働き者のナマコ」

　ナマコの仲間は、水槽の中ではどちらかといえば脇役である。水槽の底にゴロンと転がって、ほとんど動かない。巨大なジャノメナマコや洗濯ホースのように細長いオオイカリナマコなど、特徴的で目立つものもいるが、大方は見過ごされがちな地味な存在である。しかし、ナマコの仲間は展示物という他にも重要な役割がある。水槽の底砂の掃除だ。

　水族館の水槽でナマコの仲間を探してみよう。葛西臨海水族園では、ナマコを展示している水槽がいくつもある。例えば「グレートバリアリーフ」水槽。白い砂の上に、クロナマコやアカミシキリが横たわっている。そのまわりを探してみるとウインナーのような形の砂の塊が見つかるはずだ。これはナマコのうんち。本体を観察していれば、口にある房状の触手で砂をくっつけて体の中に運んだり、おしりの穴からうんちを出したりする様子を見られるかもしれない。

　彼らは砂中の有機物を砂ごと食べ、体のなかで吸収する。そして、残った砂をうんちとして排出する。つまり、砂はナマコの体の中を通って、きれいになって出てくる。ナマコたちの食事は飼育係を大いに助けてくれているのだ。そう思ってナマコをみると、その姿が違ってみえるかもしれない。（天野未知）

魚とはひと味もふた味も違う世界が見えてくる。無脊椎動物ウォッチングをおすすめしたい。

1.3 水族館を楽しむ手助け

つらつらと、友達に水族館のおもしろさ、生きもののおもしろさを話してきてた。このようにみなさん一人一人を案内できればいいのだが、そうもいかない。ここからは、みなさんが水族館に足を運んだときに、楽しむ手助けとなるようなツールを紹介する。施設によってどんなツールがあるかは異なるので、葛西臨海水族園を例に紹介していこう。

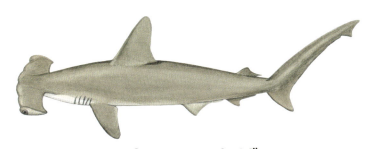

写真 1.22 アカシュモクザメとマトウダイの名前ラベル

Tide 1　水族館へ行こう

（1）名前だっておもしろい　名前ラベル

　水槽でおもしろい生きものを見つけたら、その名前を知りたくなるのが人間の性かもしれない。たいていどこの水族館でも、水槽の横に名前ラベルが貼ってあり、和名・英名・学名などが示してある。「名前を覚えなきゃ」と思う必要はないが、その生きもののおもしろさを誰かと共有するためにもお気に入りの生きものの名前は覚えてあげよう。それに、名前だって結構おもしろい。

　先ほど、紹介したオジサンは名前がおもしろくて興味を持つ方も多い。その由来はアゴにある2本のヒゲにあるが、オジサンが属するヒメジ科の魚は、みんなヒゲを持っており、名前の一部に「オキナ（翁）」とついている種もいる。「マグロ」という名前は、いくつか説があるが、市場に並ぶマグロが「真っ黒」に見えることが由来らしい。確かにクロマグロは死ぬと全体が黒くなる。このように、名前がその生きものの特徴などにちなんでいる場合も少なくない。

　世界共通の名前である学名も同様である。ラテン語はとっつきにくいが、調べてみるとおもしろい。例えばアカシュモクザメ。とんかちのような頭の形から仏具である「鐘木」と和名についているが、学名の *Sphyrna lewini*、属名の *sphyra* にも「ハンマー」という意味がある。マトウダイは体側に弓矢の的のような模様があることから「的鯛」とついたようだが、学名は *Zeus faver* で、属名の *zeus* はギリシャ神話に出てくる全知全能の神である。ヨーロッパで昔から食されていたことが関係しているのだろうか。それを知ると、マトウダイの姿が神々しく見えてくるから不思議だ。名前について書かれた書籍もいろいろとある。興味のある方は奥深い名前の世界を楽しむとよい。

　葛西臨海水族園では名前ラベルに、分類階級である目（もく）と科を記している。これにも注目してみるとおもしろい。例えば目に注目すれば、魚の世界は人間の世界と同じでスズキさん（スズキ目）が多いとか、科に注目すれば、水族館で展示している魚はチョウチョウウオ科やベラ科、スズメダイ科が多いことなどが見えてくる。

　同じ分類群に属するということは共通性があるということだ。それを知っていると、こんな楽しみ方もある。例えば、ヒメジ科だったら「あごの下にヒゲがあるよね」、ニザダイ科の魚だったら「尾びれの付け根にナイフのような棘を持っているはずだ」、ベラ科だったら「性転換するかも。オスとメスを探してみよう」、テンジクダイ科の魚だったら「オスが口内保育するから、口が膨らんでいる個体はいないかな？」という具合だ。それぞれの分類群の共通する特徴が見えてくると、生きものの世界がぐっと広がるはずだ。

　水槽の横には名前ラベルだけでなく、その水槽のテーマや生きものについての解説が貼ってある施設も多いだろう。葛西臨海水族園でも、水槽の横に情報サインと呼ぶパネルがあり、水槽の生きものの観察ポイントなどを紹介している。ぜひ、情報サインも読

写真 1.23　情報資料室を有効活用してほしい

んでほしい。

(2) 気軽に楽しむスポットガイド　じっくり楽しむガイドツアー

　水族館に行ったら、最初にチェックするとよいのは、餌の時間とともにガイドなどの教育プログラムである。ホームページも活用するといいだろう。

　葛西臨海水族園では、マグロやペンギンなどの水槽前で、毎日10回程度のスポットガイドを行っている。餌の時間にあわせたガイドもあれば、ウミホタルの発光実験もある。とくに予約の必要はなく、誰もが気軽に参加できる。ぜひ、参加してスタッフといっしょに、生きものの観察を楽しんでみよう。

　「いや、もっとじっくり楽しみたい」という方には、ガイドツアーをおすすめしたい。一日2回実施するこのツアーでは、ここでも紹介した「食べる」など、ある一つの視点で、約45分間、スタッフといっしょに生きものを観察する。定員は10名と少人数で、きめ細やかな対応ができるのが強みだ。「今しか見れない」というタイムリーな生きものや行動を紹介できたり、参加者の興味関心にあわせた話もできる。最近、水族館を学びの場として楽しむ大人の方が増えたこともあり、2015年からは大人限定のガイドツアーもはじめた。一般向けのガイドツアーに比べ、より専門的で、より奥深いガイドを目差している。子どもには説明しにくい性の不思議も紹介できる。徐々に知名度もあがり、このガイドが目的でくる方やリピーターの方が増えてきたのはうれしいことだ。

(3) 情報資料室は発見の部屋

　葛西臨海水族園には情報資料室と呼ばれるコーナーがあり、教育普及担当のスタッフ

Tide 1　水族館へ行こう

ある日の水族館シリーズ①　　　　　**コラム3**

「ある日のおとなガイドツアー」

　「今日は老齢が多いから、この話をしたのかい!?」サメのローレチーニ器官について話をした時に、年配の参加者から言われたオヤジギャグです。この場面だけを切り取ると、和やかな雰囲気のツアーと思われるかもしれませんが、出発時からこんな雰囲気ではありません。参加者の皆さんは、控えめで周りの様子を伺っていて緊張しています。そんな様子を察して出発前に、アイスブレイクをして緊張をほぐすのですが、それでも少し控えめな様子で出発します。

　「せっかくなので生き物を観察できるように水槽の前へ」と話しても、一歩下がったところで話を聞いています。しかし、生き物の話をしていくと少しずつ水槽に近づいて行き、体の向きを変えながら観察をしたり、質問をしたりするようになります。出発前の控えめな姿はどこへいったのか。こうなってくると、話しているこちらも楽しくなってついつい沢山話してしまい、気づけばあっという間に、ツアー終了時間になってしまうことがしばしばあります。

　生き物は凄いですね。大人をこんなふうに変化させ、時にはオヤジギャグまで飛び出させるのですから。ツアーには老若男女様々な方が参加されますが、皆さん、目をキラキラさせて生き物を観察し、話を聞いてくれます。大人の目をキラキラさせる生き物、その生き物を間近で観察できる水族館が、私は大好きです。（野島麻美）

が常駐している。両側に並んだ棚には生きもの関連の専門書、サメの歯や皮、マグロの卵、ペンギンの羽などの標本、模型などがずらっと並ぶ。奥の大きなテーブルには日替わりで様々な標本や、ときには水槽から回収した卵などが登場する。のぞくだけでも楽しいスペースだ。また、隔月で出している機関誌や事前募集型の教育プログラムのちらしのほか、「ウォッチングシート」も配布している。このシートは、水槽をまわりながら生きものを観察し、クイズに挑戦する内容で、大人の方にも十分に楽しんでいただける。スタッフにも気軽に声をかけてほしい。水族園の楽しみ方を聞いていただければ、とっておきの情報をお伝えできるはずだ。展示を見る前でも、見た後でも、またオリジナルビデオもご覧いただけるので座って一休みでもよい。気軽に利用してみよう。

1.4　もっと深く水族館を楽しむ

　さて、水族館を楽しむ手助けとなるものをいくつか紹介してきたが、次は、もっとディープな水族館の楽しみ方を紹介しよう。かつて動物園・水族館は子ども向けの施設として認識されてきた傾向がある。水族館で実施する教育プログラムも子ども向けのものが多かった。しかし、近年、大人向けの企画にも力を入れる水族館が増えてきた。葛西臨海水族園でも大人向けの様々なプログラムを行っている。

1.4 もっと深く水族館を楽しむ

写真 1.24 水族館のボランティアになることは究極の楽しみ方だ

(1) 大人だって学びたい

　葛西臨海水族園が行っている大人向けの教育プログラムで、もっとも回数が多いのは事前募集型の講演会である。様々なテーマで行っているが、講演会を開催するおもなねらいは、私たちが行っている保全活動や調査研究など、なかなか表に出ない活動を知ってもらうこと、今、数を減らしている生きものたちの現状や課題を知ってもらうことだ。

　ここでは詳しくふれないが、希少野生生物の保全に貢献することは動物園・水族館の大きな役割のひとつだ。都立動物園・水族園でも対象種を決め、様々な保全活動に取り組んでいる。なかでも都内にわずかに残るアカハライモリの生息地での保全活動は2002年から開始し、様々な成果をあげている。そして、この保全活動の一環として毎年、開催しているのが「水辺の保全講演会」である。私たちの活動を知ってもらうとともに、身近な淡水の水辺で起きていることや現場で実際に行われている保全活動を、調査研究や保全活動の第一線で活躍する外部の方に講師をお願いし、みなさんに広く伝えることがねらいである。

　その他にも、バレンタインの時期にあわせたスイート講演会では、生きものの繁殖戦略をテーマに、研究者の方に最新の研究成果をお話いただくなど、様々なテーマの講演会を開催している。

　講演会の他に体験型のプログラムもある。都立動物園・水族園で毎年、行っている「大人のための動物園・水族館講座」である。半日または一日かけて、水槽の生きものや標本などの観察をおもに、体験をとおしてじっくり学ぶという内容である。例えば「ペンギン学入門」では、展示場のペンギン観察からスタートし、海でのくらしに適応したペ

Tide 1　水族館へ行こう

写真 1.25　水族館で楽しんだら、次は身近なフィールドへ

ンギンの体のつくりを骨格標本や剥製で観察し、その後は飼育担当者から飼育の工夫や繁殖への取り組みなどを聞き、最後にまたペンギン観察といった、ペンギンだけをじっくりと探求する内容となっている。他にも、生きものの観察やフィールドでの自然体験を重視した、親子向けのプログラムにも力を入れているのでお子さんやお孫さんと参加してはどうだろうか。

(2) ボランティアになる

　さて、最後は究極の水族館の楽しみ方を紹介しよう。それは、ボランティアになることだ。博物館や科学館ではボランティアが活躍しているところが多いが、水族館でもボランティア制度を導入しているところは少なくない。葛西臨海水族園にも東京シーライフボランティアーズという組織があり、約 120 名が水槽前やタッチプールで来園者へのガイド活動を行っている。生きもののおもしろさやすばらしさを来園者に伝えるのに、やはり人に勝るメディアはないだろう。水槽前でボランティアの方が「ほら、おもしろい生きものがいますよ。いっしょに見てみましょう！」といってくれる方が、水槽横のパネルもずっと人を引きつけることができるはずだ。ボランティアの方々に期待しているのは、生きものと来園者のあいだに立ち、生きものの発するメッセージをわかりやすく翻訳し、伝えてくれることだ。より来園者に近いボランティアならではの情報発信ができるだろう。生きものの知識がなくても大丈夫。まずは、来園者と生きものの観察を楽しむことからはじめてみよう。生きものと人が好きな方にはおすすめである。

1.5　水族館から出て自然のなかへ

　さて、水族館のいろいろな楽しみ方を紹介してきた。ちょっとでもみなさんの役にたてそうだろうか。最後は、フィールドへのお誘いである。水族館で感じた「生きものってすごい！おもしろい！」という実感を、今度は実際の自然のなかで味わってほしいのだ。都会でも身近に生き物のにぎわいを感じられるフィールドはある。特別な装備も必要ない。

　例えば、東京駅から電車と徒歩で30分、葛西臨海水族園のすぐ目の前に「西なぎさ」という人工干潟がある。潮が大きくひく大潮の日に出かければ、砂一面の干潟の上で数万匹もの小さなカニ（コメツキガニ）が、せっせと餌を食べ、けんかをし、求愛をする様子を見ることができる。小さなカニたちの命の輝きが感じられる光景だ。

　やはり大潮の日に、電車で数時間かけて磯に出かければ、いろんな甲羅模様のカニ、不思議な形をしたクモヒトデや美しいウミウシ、小さなハゼが泳ぐ、宝箱のような潮だまりを見ることができる。フィールドでも水族館でトレーニングした生きものの見方を生かして生きものの世界を楽しもう。自然の中では、もっとたくさんの発見があるはずだ。そして、それらの生きものたちに、生きものたちがくらす環境に、今、なにが起きているのか、どう変わっていくのかも、みなさんの目で見てほしい。今、私たち人間も含め、地球上の生きものが将来もその営みを続けていくために何ができるか、考え、実践することが求められている。それが、水族館が教育活動をとおして、最終的にみなさんに伝えたいことである。大人のみなさんにその期待を込めて、この Tide を終わりとしたい。

参考文献

鈴木克美：「水族館への招待　魚と人と海」、丸善ライブラリー、1994年
鈴木克美：「ものと人間の文化史　113　水族館」、法政大学出版局、2003年
鈴木克美・西源二郎：『新版水族館学―水族館の発展に期待をこめて―』、東海大学出版会、2010年
羽山伸一・土居利光・成島悦雄：『野生との共存　行動する動物園と大学』、地人書館、2012年
K. マックリーン：『博物館をみせる』、玉川大学出版部、2003年
Tada,S.,T.Sato,S.Iwai,M.Amano and K.Sotani; Observation of living organism: The principle and goal of education activities at Tokyo Sea Life Park,Proceeding of the 4th International Aquarium Congress Tokyo,1997 173-177.

Tide 1 「水族館へ行こう」のツアーを終えて

ふく	いきなり「さあ困った」といいながら、油断しているとそれだけで一冊の本になりそうな勢いでしたね。いまのお話は水族館が行っている「教育普及」という分野の取組みを中心に紹介したものです。プログラムなどは東京の葛西臨海水族園を例にしたものなので、すべての水族館で同様なものがあるわけではありません。各地の水族館でそれぞれ工夫を凝らして楽しめるようなプログラムを用意していると思います。知らなかったこともあったでしょうか。
さより	子どもでも大人でも楽しく学べるたくさんのプログラムや見方があることがわかったわ。水族館って大人が行くのは子どもを連れて行くときかと思っていたけど、大人だけで行っても楽しめそうね。
あゆ	オスとメスの話がスッゴクおもしろかった。魚の世界もなんかやっぱり複雑でけっこうドロドロしてるかも。性転換ってフツウなの？魚にそんなヒミツがあったとは！メスのふりして他のオスを騙してメスに近づくオスってそんなのありなの？驚きの連続！実物見たくなった。
ひらまさ	そういう話もおもしろいんですが…。ぼくはやっぱり水族館は社会教育施設なのだと再認識しました。会社を定年退職された方とか、生涯学習にも十分活用できそうです。ボランティアが活躍していることについてもはじめて知りました。大人の究極の水族館の楽しみ方は水族館ボランティアになって活動することかもしれませんね。インプットとアウトプットが両方できます。
さより	私もボランティアしてみようかしら。
ふく	それはいいですね。ボランティアさんはたくさん学べますし、得た知識を人に伝えるガイドはとてもやりがいがあることだと思います。ただ、ボランティア組織のある水族館とない水族館がありますし、活動内容も様々なので、お近くの水族館でボランティアさんの募集があれば活動内容を聞いてみたり、実際にボランティアをしている人に聞いてみたりするのもいいですね。水族館の OB がボランティアに参加していることもありますし、ボランティアさんを経て職員になったという例もあります。
あゆ	このまえ水族館に行ったとき、元館長さんがボランティアとして水槽の前で解説していて驚いた。すごく元気で活き活きしてた。水族館を退職後、ボランティアをしてるんだって！ホント水族館が大好きなんだね、きっと。
ひらまさ	観察の視点というのも重要なキーワードかと。水槽ガイドのボランティアは視点を提供してくれています。見てはいるけれど見えていないことってじつは多いと思います。ビジネスに役立ちそうな言葉がいくつもありました。大

	きな収穫です。人によっては人前で話すことは勇気がいると思います。でも、得た知識を人に伝えられるっていいですよね。
ふく	そうですね。ただ…。ちょっと前になりますが、あるテレビドラマを見ていてこんなセリフがありました。「告白は子どものすることです。大人は誘惑してください」。この本も大人のための…なので。ドラマに倣っていえばこんな感じでしょうか。「得た知識を話すだけは子どものすることです。大人は関心を引き出すように誘導してください」
ひらまさ	急に大人っぽくなってきました！いいなーいいなー。なんのドラマですか？
あゆ	ひらまささん、おちついて！話をもどそうよ。私は美大にいるので以前は水族館ってぜんぜん関係ないかなと思ってたけど、そういえば、学生の実習で水族館に行った先輩の話もちょっとだけ聞いたことがあるのを思い出しました。ブンブクとかタコノマクラとかいう名前の動物が実在するって感動してたなあ。インパクト大だったので覚えてる。名前だけでも面白いこといっぱいあるね。天野さんのナマコとかの解説には愛を感じるなあ。へんてこな生きものもすごく愛おしく思えるから不思議。
ふく	海にはおもしろい名前の生きものがたくさんいますね。テヅルモヅルとかスカシカシパンとか。スベスベマンジュウガニやタガヤサンミナシなんていうのもいますね。
あゆ	チョウチンアンコウとかウッカリカサゴっていうのも！ほんとワンダー！
ふく	そうそう、先ほどの水族館での実習というのは、大学の学芸員課程の博物館実習とか学芸員実習と呼んでいる現地実習のことですね。美術系の大学・学部からも実習希望の学生が来ることがあります。思いもよらないような発想で実習課題に取組む美大の学生もいて、水族館の職員側としても大いに刺激を受けることがあるんですよ。他にも飼育実習を受け入れている水族館もあります。
さより	水族館は学生さんの実習も受け入れていたのね。知らなかった。しかも美大からも。なんか驚きだわ。あゆさん、さっきのタコが真っ暗でぶくぶくって何？
あゆ	タコノマクラです〜。タコ焼きに入ってる八本足のタコが枕にして寝る動物ですよ。海にいます。ホントです。ねえ？フグ飼育課長？
ふく	フグではなく、ふくです…。そうですね、タコノマクラもブンブクも実在する生きものですね。ただし、タコが枕にしているか

Tide 1　水族館へ行こう

　　　　　　どうかはわかりませんが。あっ、大海原をクラゲに乗って旅するエビというのはいますね。
あゆ　　　なにそれ？なに？なに？

Tide 2

水族館の歴史

ふく	さて、つぎは水族館の歴史を辿っていきたいと思います。
ひらまさ	おっ！楽しみです。
さより	私も「歴女（れきじょ）」なので。日本史なら江戸時代、世界史ならローマ時代は詳しいのよ。
あゆ	大江戸八百八町やシーザーとかの時代は水族館と関係なくない？おっきいアクリルガラスとか無理でしょ。工業製品とかなかったんだし。水族館って最近のものばかりじゃない？その前は金魚鉢くらい？
ひらまさ	確かに。水族館の発展の歴史は、水槽のガラスとかアクリルとかの形成技術の進展とともにあったような気がしますね。水を浄化するシステムとかも。飼って、見せるシステムをつくることは大切です。魚を飼えたとしても見せることができなければ水族館とはいえないですから。
ふく	う〜ん、さて、どうでしょうか。つぎは水族館の歴史的な歩みについて、関西大学の溝井裕一さんに案内していただきます。溝井さんは『水族館の文化史　ひと・動物・モノがおりなす魔術的世界』の著作で古代から続いてきた水族飼育の営みを一冊の本に紡いで私たちの前に示してくれました。

水族館 その歴史的な歩み

案内役：溝井裕一（関西大学）

　今日、私たちの社会の一部として、すっかり根づいた水族館。これはどのようにして生まれ、発展してきたのか。各時代の社会的背景も見ながら、そのプロセスを追うとともに、水族館のこれからについても考えてみよう。

2.1　近代水族館の誕生

(1) ロンドン動物園の「フィッシュ・ハウス」

　水族を鑑賞する文化そのものは、きわめて古い。ヨーロッパを例にとると、古代ギリシア哲学者のアリストテレス（前384〜前322）は、水族を観察しつつその生態について記している。古代ローマ人も食用ならびに観賞目的で魚を飼っていた。ローマの養

Tide 2　水族館の歴史

　魚池文化は中世においても受けつがれ、アルベルトゥス・マグヌス（1200頃～1280）のように、水族の外見や生態に関して詳述する者もいた。16世紀以降は、博物学的な興味を持つ人びとが増え、魚の美しい図版がついた書籍が出版され、水族の標本も「驚異の部屋」（ヴンダーカンマー）とよばれる空間などで展示されるようになる。アジア起源の金魚も輸入されて、ガラスの容器で飼育することも流行した。

　だが、娯楽・研究・教育を目的とした公開型の水族館が登場したのは、淡水産、海水産の生きものを長期にわたって飼育する技術が確立し、ガラス産業も著しく発展した19世紀のことである。

　18～19世紀のあいだ、ヨーロッパ各国で水族飼育の実験がおこなわれ、水を交換したり、水をかき混ぜて空気を入れたり、動植物をいっしょにしたりすれば長持ちすることが知られるようになった。たとえば博物学者ジョージ・ジョンストン（1797～1855）は、1842年ごろ、サンゴ藻、アオサ、軟体動物などをいっしょに飼って、2か月生きのびさせることに成功している。

　しかし、安定した飼育法を確立するには、動植物をいっしょに飼うことがなぜ有効なのかを説明できなければならない。これを解明したのが化学技師だったロバート・ウォリントン（1807-67）である。ウォリントンは金魚、水草、砂、泥、石そしてモノアラガイの一種からなるささやかな生態系をつくり、その共生関係を明らかにした。すなわち金魚は酸素を吸って二酸化炭素を吐きだし、昆虫や貝を食べて植物の栄養源を排泄する。植物は二酸化炭素を消費して酸素を吐きだすとともに、水を透明に保つ。さらにモノアラガイは、水の濁りを引きおこす腐敗物質を食べ、さらにそれを水草の栄養源へと変化させるのだ。

　1850年にこの関係を発表したウォリントンは、2年後に海の生きものでおなじ実験をおこなった。そのさい、生きものの調達に協力したのがフィリップ・ゴス（1810～88）であった。ゴスは、1840～60年のあいだ、鳥類や水族に関する著作をつぎつぎと発表し、生き生きとした文体と豊富なイラストのおかげで多くの人びとから親しまれていた博物学者である。

　やがて彼も、海の生きものを水槽で飼育し、その観察結果を公開するようになる。有名な著作『ジ・アクアリウム』（1854）によると、ゴスは海岸で採集した動植物をガラス水槽に入れ、ささやかな海底世界を構築したうえで観察を重ねた。彼はさらに、みずから描いた原画を石版多色刷りにかけた。それらは海中風景を横から見て再現したみごとなものであったが、当時の人びとの理解力を超えていたために、空想の産物と勘違いされることがあったという。裏を返せば、ごくありふれた身近な海洋生物ですら、人びとがまともに観察する機会がなかったということである。

　ちなみに、水族用の飼育槽に、水草を育てるための容器をあらわす名称だった「アクアリウム」（「水の器」の意）を転用し定着させたのも、ほかならぬゴスであった。

彼はまた、ロンドン動物園内に世界初の公開型水族館（パブリック・アクアリウム）となる「フィッシュ・ハウス」（1853）設立にあたり、生きものを提供している。フィッシュ・ハウスは、ロンドン万博の水晶宮（図2.1）をモデルとした温室風の建物で、壁沿いや机のうえに、水中世界を再現した四角い水槽を並べるという、いたってシンプルなものだった（写真2.1）。イギリスの後続の水族館も、こうした単純な陳列方法を採用していくが、フランスやドイツでは、新しい展示の可能性が模索されるようになる。

（2）光と影のマジック

水族館は、動物園とは異なる性格を持つよう運命づけられていた。水族館にやってくる人びとは、ただ水中の珍しい生物を見ようとするばかりではない。彼らが住んでいる、まったく異質な世界に入りこむこと、すなわち非日常体験を期待する。それゆえ水族館は、動物園に先んじて、「没入型展示（イマーシブ・エグジビション）」、すなわち来館者が別世界に「没入」したかのような感覚をおぼえる展示を試みるようになった。

その最初の例が、フランスの動物園ジャルダン・ズーロジック・ダクリマタシオン内につくられた水族館（1860）である。これは、長さ40メートル、幅10メートルの空間に、壁沿いに四角い水槽を配置したもので、それだけなら大したことがないように思えるが、回廊を暗くし、水槽をとおしてのみ光が入ってくるようにしていたのがポイントであった（図2.2）。「この長いギャラリーにはじめて入ったら、海そのものの、緑の薄明がおりなす幻想的な神秘性が、想像力に強く訴えることだろう」と、当時の記事は解説している。つまり光のマジックによって、人びとを海中世界に誘う仕掛けだったのだ。ちなみに、ウィリアム・アルフォード・ロイド（1826〜80）が発明した、砂を

図2.1　ロンドン万博の水晶宮（https://en.wikipedia.org/wiki/The_Crystal_Palace）

写真 2.1 フィッシュ・ハウス内部。1875 年ごろの様子
(https://www.zsl.org/blogs/artefact-of-the-month/the-fish-house-at-zsl-london-zoo-the-first-public-aquarium)

海水の濾過に使用する循環飼育装置をとり入れたおかげで、この水族館は 2 万リットル以上の水をずっと使用することができた。なおこのタイプの展示は、ハンブルク、アムステルダム、アントワープなどの動物園付属水族館に踏襲されていく。

図 2.2 ジャルダン・ダクリマタシオンの水族館
(Harter, Ursula:. *Aquaria in Kunst, Literatur und Wissenschaft*. Heidelerg: Kehrer 2014, p.58)

(3) グロッタ風（洞窟風）水族館

　いっぽうで、グロッタ風（洞窟風）の装飾をとり入れた水族館も、フランスやドイツに出現した。これは天井や壁を洞窟じみたおどろおどろしい雰囲気にしたもので、ヴィルヘルム・リューア（1834〜70）という建築家が、ハノーファーのエーゲストルフ水族館で再現してみせた。なぜこうした装飾が採用されたのかといえば、スコットランドにあるフィンガル洞窟やカプリ島の「青の洞窟」のように、海岸から海中へとつづいていく洞窟が、勇壮な自然やロマンチックな風景を好む当時の人びとの嗜好にマッチしたからである。また洞窟は、しばしば、大聖堂などと比較され、自然の構築物と人工のそれの中間にあるようにみなされていたが、これが似たような性格をもった水族館にふさわしいと考えられたらしい。

　しかしグロッタ風装飾には、もうひとつ重要な役割があった。それは、海の底にいるという幻想を破壊しかねない、水槽の枠や人工的な壁を目立たなくすることだ。「没入型展示」の肝は、海中風景をできるだけ途切れることなくディスプレイしてみせることにある。当時はアクリルパネルがなく、ガラス板の大きさに限界があったため、こうした装飾が採用されたのだろう。

　ハノーファーの水族館につづき、1867年のパリ万国博覧会のために建設された淡水水族館と海水水族館も、グロッタ風につくられていた。しかも海水水族館のほうには、あっといわせるような展示があった。来館者は、洞窟をとおりぬけて、やがて巨大な水槽のもとへたどりつく。それは、四方のみならず上方にも水をはった野心的なもので、来館者をして本当に海底にいるかのような気分にさせることを狙っていた（もちろん、補強用のフレームを多用しなければならなかったが、これもできるだけ装飾をしてごまかしている（図2.3））。

　この水槽は、「パノラマ」という、当時大流行した施設（円筒形の建物の内部に一幅の絵をはりめぐらせ、中央から周囲に広がる風景画を楽しめるようにしたもの）の水中版というべきものであった。ただし、これを当時の技術で再現するのは難しかったらしく、膨大な量の海水を調達するのに失敗して淡水を混ぜたり、濾過がうまくいかなかったりした結果、魚の死亡率が高く、水もじゅうぶんに透明ではなかったと報告されている。しかしこの水族館は、ジュール・ヴェルヌ（1828〜1905）にインスピレーションを与え、潜水艦の冒険を描いた『海底2万海里』（1869〜70）の各場面に反映されることとなる。

　ちなみにグロッタ風装飾は、1868年にル・アーブルで開催された国際海洋博覧会付属水族館や、1869年に開館したベルリン水族館でも採用されている。1878年のパリ万博のさいも、グロッタ風の淡水水族館があらためてつくられ、1889年の万博のときも引きつづき重要な役割を演じた。

Tide 2 水族館の歴史

図 2.3　1867年パリ万博の海水水族館（Harper's Weekly. 21 September 1867, p. 604）

　これら水族館のなかでも、とくに注目に値するのがベルリン水族館である。この館は、2つの階から成りたっていて、ルートは一方通行であった。来館者は、まず上階の爬虫類、鳥類、哺乳類といった、半水棲ないし陸上の生きものを見学する。しかも、南方の気候を表現した展示から、北方の気候を表現した展示へと移動するようになっていた。やがて淡水魚がいる水槽にたどりつくと、下の階へ降り、今度は北方の魚がいる水槽から、南方の魚がいる水槽へと移動していく。つまり、地上から水中へ、「南」から「北」へ、またその逆へと移動することで、来館者は文字どおり世界一周を堪能できるというわけであった。そしてルートの最後には、「青の洞窟」が再現されていた。

　このような初期の水族館における、「没入型展示」の最高峰は、おそらく1900年のパリ万博のものであろう。これはアルベール（1873～1942）ならびにアンリ・ギヨーム（1868～1929）兄弟の設計によるもので、ホールの天井には大きな布が張りわたされ、青緑色の強力なアーク灯が水槽を照らしたが、これが揺れる水面と、魚や海藻のシルエットとともに幻想的な風景を生みだしたという。そのうえ、水槽の奥にはさまざまに角度をつけた鏡面ガラスが置かれていて、じっさいよりも奥行きがあるように見えた。ほかには沈没船や海底火山といった『海底2万海里』のモティーフが登場し、ダイバーや人魚のパフォーマンスもあったという。

(4) 帝国主義のシンボルとして

　ところで、先の話からも明らかなように、かつて水族館は万博や海洋博につきものであった。このことは水族館が、当時高まりつつあった水族への関心だけでなく、19～20世紀の帝国主義と密接に結びついていたことも示唆している。

たとえばロンドン動物園のフィッシュ・ハウスは、万博用の施設ではなかったが、有名なロンドン万博（1851）の直後に公開されている点が重要である。この万博においては、水晶宮（図 2.1）という、ガラスと鉄からなる巨大な建物のなかに、各国からの原材料、機械、工業製品、芸術作品がところ狭しと陳列された。水晶宮は、明るい空間のなかに、世界中の産物を一覧表のように展示する施設であり、人びとはこれらに欲望のこもった熱い「まなざし」を向けたのである。さらに水晶宮は、植民地の産物を展示することによって、大英帝国の力を内外にアピールするとともに、植民地の文化や自然を、「支配」と「消費」の対象として人びとに認識させる力を持っていた。

先述したように、ロンドン動物園のフィッシュ・ハウスのモデルとなったのは、その水晶宮であるといわれている。当時はロンドン動物園そのものが、植民地に生息する動物を展示し、大英帝国の版図を知らしめる役割を担っていたが、淡水、海水の魚の入った水槽を整然とならべ、一覧表としてさしだすフィッシュ・ハウスは、帝国の力がいよいよ水中にまで及びつつあることを人びとに認識させるものであった。

またすでに見たように、フランスの画期的な水族館の多くは、万博や海洋博覧会のために建設されている。パノラマ大水槽をもつ水族館が建てられた 1867 年万博においては、巨大なだ円形の建物のなかに世界の産物が展示されたほか、100 を超える異国情緒あふれるパビリオンが林立し、なかには植民地をテーマにしたものもあった。社会学者の吉見俊哉氏は、この万博会場について、「一方では、地球上のすべての産物を部門や国籍によって区分しながら展示していく透明なディスプレイの空間。他方では、ヨーロッパの周囲の世界に対するエキゾティシズムを娯楽的な仕方で刺激するアミューズメントの空間」と表現しているが、水族館は、まさにその両方の特色を備えていたのである。

先述したように、1878 年と 1889 年の万博の際にも、水族館が人気を博した。1889 年の万博は、植民地の人びとを連れてきて「展示」し、儀礼など、ヨーロッパ人に「ウケる」演技をさせたことでも有名だが、これはのちの万博でも踏襲されるようになった。ギヨーム兄弟の水族館が建設された 1900 年の万博でも、植民地がフィーチャーされたことはいうまでもない。もっと極端なのは 1931 年のパリ植民地博覧会で、このとき水族館はフランス植民地の生物を展示し、植民地政策の重要性を強調するのに使われた（ちなみに、この水族館はポルト・ドレ熱帯水族館として現存している）。

つまり水族館は、植民地の人びと、すなわち人間としての「他者」と、動物すなわち自然界の「他者」を支配下に置こうとする態度のもとで誕生したものであった。そこには、神に代わって動植物を支配すべきという、キリスト教的な自然観もかかわっている。そして日本人も、明治以降、西洋式の博覧会や水族館を導入する過程で、植民地主義的、人間中心主義的な態度を身につけていく。結局のところ、「支配」という概念は、水族館の成り立ちと不可分の関係にあって、これが後述する批判の温床となっていることはよく理解しておく必要がある。

(5) アメリカの水族館

　水族館文化が、海を渡ってアメリカや日本にも受け継がれていったのは周知のとおりである。アメリカでは、フィニアス・テイラー・バーナム（1810〜91）という有名な興行師が、イギリスを訪問して水族館ブームを目の当たりにし、1857年に、ニューヨークで運営していた「アメリカ博物館」で水族展示をはじめた。苦労の末シロイルカの捕獲と展示に成功、さらにサメやバミューダ諸島産のカラフルな魚たちも飼育している。

　また1876年に、動物取引をしていたチャールズならびにヘンリー・レイチェ兄弟とウィリアム・キャメロン・クープ（1836〜95）が、ニューヨークのブロードウェイで水族館を開いており、のちにコニーアイランドに第2弾をつくったという。カバ、ワニ、シロイルカ、日本や中国産の金魚、無脊椎動物のほかに、ニシアンコウやアオザメなど飼育が容易でない生きものの展示にもチャレンジした。

　アメリカではこのほか、ワシントンの国立水族館（もとはウッズホールに設立、1873）、ニューヨーク水族館（グレート・ニューヨーク水族館とは別もので、1896に開館し、場所を移しながらも今日にいたる）、ハワイのワイキキ水族館（1904）、サンフランシスコのスタインハート水族館（1923）、シカゴのシェッド水族館（1930）など、有名な水族館が誕生した。

　スタインハート水族館やシェッド水族館は、記念碑的な建物を持つことでも知られる。後者は、マーシャル・フィールド＆カンパニーの社長だったジョン・グレイブス・シェッドの200万ドル（最終的に300万ドル）の寄付によって誕生した。

　副館長（のちの館長）のウォルター・H・シュートは、グラハム＝アンダーソン＝プロブスト＆ホワイト社のエンジニアとともに欧米の水族館をまわり、建物のデザインを考案した。それは、古代ギリシア・ローマ建築に影響された建物（古典装飾様式、写真2.2）で、入り口には、ギリシア神殿にならって、そこが「聖所」であることを示すために階段が設けられていた。上から見ると、十字形の建物に中央のロトンダ（円形建築、正確には8角形）を配したデザインとなっている。

　入場者は、入り口をとおってロトンダに入り、そこから3方向にのびるギャラリーへ歩いていく。ロトンダには、もともとプールがあって、淡水魚、両生類、爬虫類が飼育されていたが、1971年に「カリビアン・リーフ」水槽に置きかえられている（写真2.3）。水槽を明るく見せるために、ロトンダの内部は暗くなっていたが、1999年に再改築され、明るく美しいもとの姿をとりもどした。なお、先述のシュートは、1928年から64年まで館長職にあるあいだ、地元の彫刻師ユージン・ロメオとともに水族をあしらったテラコッタやブロンズのデザインにたずさわり、これが水族館建築をいっそう魅力的なものにしている。

写真 2.2 ギリシア神殿風のシェッド水族館（筆者撮影、2015 年 9 月）

　シェッド水族館がもうひとつ独特なのは、内陸に位置しているにもかかわらず、淡水魚と海水魚の両方の飼育にこだわったことである（開館当初、400〜450 種、総計 5000 の生きものを展示した）。これを可能とするために、「ノーチラス」という専用列車がつくられて、生きものの輸送がおこなわれた。この列車は水槽、ポンプ、温度調節機能を備えており、最初の 4 年間で 2 万 1000 尾の魚を運んでいる。これが 1957 年に退役すると、「ノーチラス 2 世」が製作され、1972 年まで働いたあとは、モンティチェロ鉄道博物館に寄贈されている（なお現在は、より安くて速い航空輸送に頼っている）。

　ちなみに、初代ノーチラスが運んだ生きもののひとつが、1933 年から 2017 年まで飼育されたオーストラリアハイギョの「グランダッド」（お爺ちゃん）である。グランダッドは、世界でいちばん長生きした魚といわれている。

(6) 日本の水族館

　いっぽう、ヨーロッパに感化されるかたちで、上野動物園敷地内に日本で最初の水族館「観魚室（うをのぞき）」がつくられたのは、1882 年のことであった。長方形の建物に 10 個の水槽を配列したものであり、海産の魚を飼おうとしたことはあったが、淡水産の魚がメインで人気もいまひとつだったという。1885 年には民営の「浅草水族館」が誕生し、初めて海水魚の展示をおこなう。入口を洞窟風にし、岩陰から魚を見るようにするなど、西洋のそれを思わせる展示をおこなったが、飼育法が確立していなかったために魚が次つぎと死に、1 年ともたなかったらしい。

　それゆえ日本初の本格的水族館と目されるのは、第 2 回水産博覧会（1897）のさい建てられた、神戸の和田岬水族館（図 2.4）である。これを設計したのは魚類学者の飯

Tide 2 水族館の歴史

写真 2.3　シェッド水族館のロトンダと「カリビアン・リーフ」水槽（筆者撮影、2015 年 9 月）

飯島 魁（いさお）（1861～1921）で、ドイツ留学の経験があり、滞在したライプツィヒの水族館はもとより、前述のベルリン水族館にも足を運んだとみられる。彼は和田岬水族館に濾過槽、貯水槽、展示水槽をつないだ濾過循環システムを導入したが、興味深いのはこの水族館がヨーロッパ・インド風の外見をしていたことで、それは水族館が西洋由来の文化であることを示すためのものであったにちがいない。また石油発動機がスイス製であったりするなど、大事なところではヨーロッパの技術に頼らざるをえなかった。

　展示内容に目を向けると、20 個の海水水槽と 9 個の淡水水槽のほかに、海の遠景や海底を表現したジオラマがあった。とくに後者は、青い布をとおして海底生物の標本を見るという、没入感を高める工夫がこらされていた。館内の大部分を暗くし、光が水槽のガラス板をとおして入ってくるようになっていた。飼育された生きものは、マダイ、スズキ、ハマチ、ヒラメ、ドチザメ、カブトガニ、タコ、アオウミガメ、オオサンショウウオなどであった。

　飯島がこの水族館で得たノウハウは、その後彼が設立にたずさわった浅草公園水族館（1899、図 2.5）、堺水族館（1903）にも受け継がれていく。堺水族館は、第 5 回内国勧業博覧会のさいに建てられたものだが（日本でも、水族館はしばしば博覧会と結びつ

2.1 近代水族館の誕生

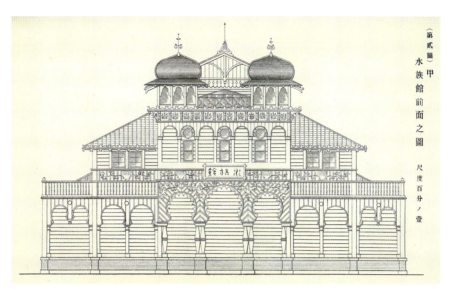

図 2.4 日本初の本格的水族館とされる、和田岬水族館（農商務省水産局編『第二回水産博覧会附属水族館報告』東京印刷、1898 年、第 2 図）

けられた）、恒久的な建物として設計されており、またユニークな展示もおこなわれていた。「吊魚槽」というのはそのひとつで、タイ、アカハタ、ヒラメ、カサゴなどの腹部を見ることができるようになっていた。

(7) 臨海実験所の水族館

なお博覧会付属水族館や、ベルリン水族館、シェッド水族館のような独立型水族館とは別に、研究者たちが集まる「臨海実験所付属水族館」もある。そのもっとも古い例は、イタリア・ナポリに海洋生物学者アントン・ドールン（1840〜1909）によって設立されたものだ。

ドールンはドイツ人で、イタリアのメッシーナにいたころ、水槽のなかで流水を起こし、甲殻類の幼生を観察することに成功していた。この経験と、同僚のカール・フォークト（1817〜95）のアイデアを踏まえ、世界中の研究者が集うことのできる実験所をつくることを構想する。やがて、ナポリの海沿いにこれをつくることになり、収入を得るために水族館も併設することが決まった（図 2.6）。

実験所のうち 1 階が水族館、2 階が大型実験所と図書館（いまでも最大級のコレクションを誇る）、3 階が 12 の小型実験所ならび守衛やアシスタントの部屋となっており、地下にはポンプ、機械、貯水槽が置かれていた。水族館の設計には先述のロイドもかかわって、光を調節して藻の繁殖を防ぎ、かつ観覧者側のスペースを暗くするなどの工夫を凝らしている。また、貯水槽で水に空気を混ぜ、水槽に送りこむシステムも備えていた。水槽内では、生態系を再現すべく複数種が飼育されており、彼らの相互関係を、研究者

Tide 2　水族館の歴史

図 2.5　浅草公園水族館で楽しむ人びと（鈴木克美『水族館』法政大学出版局、2003 年、口絵）

は思う存分に観察することができたのである。

　この施設はまた、日本の研究者たちにも大きな影響を及ぼしたことで知られており、たとえば上野動物園の運営にたずさわった石川千代松（1861〜1935）は 1887 年 12 月から 88 年 3 月にかけて滞在している。また日本の実験動物学を発展させた谷津直秀（1876〜1947）、江ノ島水族館長を務めた雨宮育作（1889〜1984）もそれぞれ 1906 年、1927 年にここを訪れている。時代が前後するが、やはりナポリ臨海実験所にいたことのある箕作佳吉（1858〜1909）が、帰国して三浦三崎の臨海実験所創設

図 2.6　ナポリ臨界実験所のプラカード（1902）（Harter 2014, p.109）

(1886) に尽力したことは、水族館の歴史研究で名高い鈴木克美氏などがくわしく紹介している。1890 年には、この実験所も水族館を持つにいたった。

　アメリカのウッズホール科学水族館もおなじ種類のものだ。この水族館は、かの地に科学コミュニティをつくったスペンサー・ベアード（1823 〜 87、米国魚類水産委員会長）が、1875 年、夏だけ研究所を開いて、人びとに水族を観察させたのがはじまりといわれる。やがて、1885 年にきちんとした建物がつくられることになったとき、彼は実験所といっしょに公開型水族館を設けることにし、ドールンの助言も得ている。この水族館は 1954 年にハリケーンによって破壊されてしまうが、その後つくられた 2 つの建物のひとつに水族館（1961）が設けられて、いまもなお人びとの人気を集めている。

▼▼▼▼▼
コラム 4

「水質を保つ技術：オゾン・脱窒・電気分解」

　オゾン O_3 は非常に酸化力があり毒性も強い気体だ。飼育水と接触すると、濁りの成分であるたんぱく質を分解するとともに、殺菌もしてくれるが、扱いを間違えると魚も殺してしまう危険な気体でもある。水槽からろ過槽を通った飼育水をオゾン反応槽でオゾンと反応させ、その後、飼育水からオゾンを完全に抜いた状態で水槽に戻さなければならない。通常の循環ろ過とは別に、オゾンを反応させる設備とオゾンを除去する設備を設置しなければならないためコストがかかるだけでなく、危険も伴うが、大水槽の水を青く透き通った透明感のある水にすることができる。

　魚類を飼育する場合、水槽と濾過装置を接続して循環させ、同じ水を使い続ける「閉鎖循環ろ過方式」を用いるのが一般的だ。この場合のろ過は、たんぱく質やアンモニアなどの有害な窒素成分を無害な硝酸にまで酸化させる「酸化型」のろ過である。いっぽうで、窒素酸化物を窒素ガスとして大気中に放出してしまう方法を「還元型」ろ過と呼ぶ。「酸化型」は硝酸が蓄積するため、換水しないと窒素酸化物を減らすことはできない。しかし、還元型は、窒素をガスとして放出させてしまうため、ほかの水質が問題とならない限り、長く水槽の水を良好に維持できる。海に隣接している水族館も多くあり、そのような水族館は、海水を豊富に使うことができるが、都市部や内陸の水族館、近くに大河川が流れているような水族館では、海水を自由に使うことはできないため、これまでは、「酸化型」ろ過を用いてきたが、扱いが難しいものの、長く海水を使い続けることができる「還元型」が国内外の水族館でも導入されるようになってきている。ヨーロッパの水族館では、還元型のろ過システムが発達しており、大水槽で水質に敏感な生きた造礁サンゴを展示するという、一昔前までは考えられなかったようなことが可能となっている。（中村浩司）

Tide 2　水族館の歴史

2.2 「ディスプレイされた海」—水族展示のさらなる発展

(1) 「生態展示」への道

　19〜20世紀にかけて花開いた水族館文化は、第2次世界大戦前から戦後の高度経済成長期にかけてさらに成熟していった。しかもそのさい、国際的なアイデアのやりとりが重要な役割を果たしている。

　最初に紹介すべきは、アメリカ・フロリダのマリン・スタジオ（1938）の「オセアナリウム」（巨大水槽）であろう。これを考案したのはウィリアム・ダグラス・バーデン（1898〜1978）やイリヤ・トルストイ（1903〜70、有名なロシア人小説家の孫）からなるグループで、彼らは映像技術に造詣が深かった。バーデンは、冒険家で映画監督だったメリアン・クーパーが、きわめて広大な囲い地に動物を入れて、リアルで生き生きとした場面を撮影するのに成功したことに刺激され、この海洋版をつくることを思いついたのである。

　バーデンらによって設計されたオセアナリウムは、直径約23メートル、深さ約3.4メートルの円形水槽と、縦約30メートル、横約12メートル、深さ約5.5メートルの箱型水槽を水路によってつないだもので、これにサメ、エイ、イルカその他の水族と、本物の岩石やサンゴを入れて、ひとつの生態系を再現してみせた。

　マリン・スタジオは、その名のとおり水族の撮影を目的とした施設であったが、一般人にも公開された。水槽には四角いのぞき窓がいくつも設けられており、各窓は遮蔽物によって仕切られていた。これによって、来館者はまるで映画を見ているかのように、暗い空間で誰にも邪魔されず海中風景を満喫することができたわけだが、これはドキュメンタリー映画に深いかかわりのあったバーデンならではの工夫といえる。

　なおバーデンの意向を受けて、マリン・スタジオではイルカの調教も実験された。これはやがて実を結び、1950年代に、フリッピーという「世界初の調教イルカ」が展示され、大人気を博することになる。

　オセアナリウムは、戦後の日本において、たとえばみさき公園自然動物園水族館（1957）、神戸市立須磨水族館（1957）、江の島マリンランド（1957）などで採用されている。しかし日本人もまた、水族飼育の新しいアイデアを生みだし、それが海外に影響を与えていく。その有名な事例は回遊水槽であろう。これはドーナツ型の水槽で、来館者はその外側あるいは内側から、エンドレスに泳ぎつづける魚を眺めることができる。

　そのプロトタイプが、いくつかの水族館で実験的に導入され、やがて大分生態水族館（1964）が最初の本格的な回遊水槽を展示した。周囲61メートル、深さ1.6メートルの水槽をブリやシマアジなど2000尾の魚が泳ぐ姿は、人びとを圧倒したという。

　この回遊水槽は、来館者が外からドーナツ型水槽を眺めるタイプであったが、天草海底自然水族館（1966）、京急油壺マリンパーク（1968）、志摩マリンランド（1970）

2.2 「ディスプレイされた海」―水族展示のさらなる発展

写真 2.4　葛西臨海水族園の回遊水槽（葛西臨海水族園提供）

のそれは、内側から眺めるタイプのもので、こちらの方が海中にいる幻想を高めることができた。そして、これらの回遊水槽を見て感銘を受けたアメリカのスタインハート水族館関係者が回遊水槽を導入し（1977）、これがさらにボルティモアの国立水族館の大型回遊水槽（後述）へと発展していく。なお葛西臨海水族園（1989）の回遊水槽は、外側と内側の両方から眺められる仕様となっている（写真 2.4）。

また 1960 年代以降、丈夫で加工しやすいアクリルが水槽に応用されるようになってからは、巨大な透明パネルつきの水槽がつぎつぎと誕生する。もっとも早い段階では、上野動物園の水族爬虫類館（1964）がアクリル製水槽を導入している。海洋科学博物館（1970）も、深さ 6 メートルに達する巨大なアクリル製水槽を公開してみせた。

アクリルはまた、いまや世界中に広がった「トンネル水槽」の建設も可能にした。アクリルをアーチ状に曲げてトンネルに使用したのは、魚津水族館が（少なくとも日本では）最初といわれる。また、ダイバーだったケリー・タールトン（1937〜85）も、ニュージーランドのオークランドに水族館(1985)をつくるにあたり、水中トンネルにこだわった。タールトンのトンネルでユニークだったのは、それがカーブしていることで、これによって来館者がカーブごとに新しい海底風景を満喫することができるようになった。

こうした大型の水槽は、複数種の生きものが互いに関与しながら生活するのを見せる「生態展示」を可能にした。しかしそればかりでなく、19 世紀から 20 世紀にかけてさまざまなかたちで試みられてきた「没入型展示」を発展させ、さらには水族館を「教育施設」から、都会生活に疲れた人びとが休息を求めてやってくる「自然の聖堂」へと変化していく、そのきっかけをつくったといえる。

Tide 2　水族館の歴史

写真 2.5　シーワールド・サンディエゴのシャチショー（筆者撮影、2014 年 3 月）

(2)「ダイビング体験」をシミュレート

　アメリカ・サンディエゴのシーワールド（1964）は、早くから「都会人のための逃避場所」を提供することをめざしていた。これはディズニーランドのようなテーマパークの海洋版（マリンパークとも呼ばれる）であり、設立当初は「ポリネシア・日本スタイル」の建物を充実させ、「アメリカではないどこか遠い世界」を演出するとともに、海底冒険を来園者が楽しめるようにしていた。

　さらにシーワールドは、海の生きものとの交流、すなわち「インタラクティブ」であることを重視したテーマパークであった。有名なシャチのショーは、来園者にかわってトレーナーが大型海洋哺乳類と交流するという、間接的な「ふれあい」体験を提供するものだが（写真 2.5）、これ以外にも、子どもたちがイルカに餌をあげたり、タッチプールでエイを触ったりといった機会が設けられた。ただ見ているだけでなく、触ること。これが、いま自分が「海の世界」にいるという幻想を高めるのに重要なことを、運営者たちはよく知っていたのだ。

　いっぽう、1960 年代以降は、水族館の建物そのものも進化を遂げる。そのもっとも有名な例は、建築家ピーター・シャマイエフが、仲間と協力してアメリカ、日本、ヨーロッパで設計した水族館群である。その最初を飾ったのは、ボストンのニューイングランド水族館（1969）だが、そこにはシャマイエフの設計の基本があらわれている。たとえば、複数の階を持ち、来館者の「上昇、下降」の移動が強く意識されていること。これは海のなかの「浮上、沈降」の動きにあわせたものである。また動線は一方通行となっており、運営者側が提供する展示内容にそって、来館者は移動していく。

写真 2.6　ニューイングランド水族館のシリンダー型水槽（筆者撮影、2015 年 9 月）

写真 2.7　ナショナル水族館の回遊水槽（筆者撮影、2015 年 9 月）

　ニューイングランド水族館の場合、中央の吹き抜けに巨大なシリンダー型水槽（写真2.6）がそびえていて、それを遠巻きにするかたちでスロープが設けられている。来館者はまずこのスロープをたどりつつ、各水槽を見ながら上の階へと移動し、シリンダー型水槽のてっぺん（4 階）に達する。ついで、シリンダー型水槽をとりまくらせん状の通路を降りていき、出口にいたる。

　つづくボルティモアのナショナル水族館（1981）でも、来館者はまず下から上へ上昇し、最上階の陸上展示を見たあと、巨大な回遊水槽のなかをらせん状に降りていく。

Tide 2　水族館の歴史

写真 2.8　海遊館最上階の陸上展示（筆者撮影、2014 年 7 月）

　この回遊水槽では、上方は浅い海を、下方はサメがうようよする深い海を表現している（写真 2.7）。こうした構造は、シャマイエフが設計にかかわった大阪の海遊館（1990）にも明瞭に見てとれる。来館者は、エスカレーターで陸上展示のある 8 階に登ったあと、巨大な水槽を片側に、各海域を表現した水槽をもう片側に見ながら下りていくことになる。（写真 2.8）

　シャマイエフはこのほかにも、テネシー水族館（1992）、ジェノバ水族館（1992）、リスボン・オセアナリウム（1998）の設計にもかかわっていて、その斬新な構造を世界に輸出していった。いまでは、複数階を持つ水族館をつくり、「浮上、沈降」の移動を意識して展示する方法は、葛西臨海水族園や沖縄美ら海水族館（2002 年にリニューアルオープン）などで幅広く採用されている。

　ところでシャマイエフは、海遊館なら「環太平洋火山帯」、テネシー水族館なら「アメリカ内陸の淡水」、コロンブスの生まれ故郷にあるジェノバ水族館なら「新大陸と旧大陸の自然」といったようにテーマを設け、それに沿って一貫した展示をおこなっている。シャマイエフの水族館は、シーワールドのように娯楽を前面にうちだすことはないが、それでも水族館の「テーマ化」ないし「テーマパーク化」というグローバルな流れに深く棹さしている。

　シャマイエフの水族館と並んで人気を博したのが、モントレーベイ水族館（1984）である。これは、ヒューレット・パッカード社（HP）の共同創設者デイヴィッド・パッカードの娘ジュリアと、複数の海洋学者たちが、水族館展示に多大な経験を持つデイヴィッド・パウェルの支援を得て設立したものである。モントレーベイ水族館は、シャマイエフの水族館とちがって来館者の自由な移動を優先するとともに、目玉として「ケ

写真 2.9 モントレー水族館の「ケルプ・フォレスト」（葛西臨海水族館提供）

ルプ・フォレスト」（写真 2.9）を公開した。

　これは、大型、中型の生きものはもちろん、微小な生物にいたるまで住まわせ、モントレー湾の生態系をそっくりそのまま水槽内に再現して見せたものだ。「ケルプ・フォレスト」の成功は、パウェルの尽力によるところが大きい。たとえば彼は、人工の岩礁をつくって一定期間海につけておき、そこに生きものが定着したのを見計らって引きあげるなどして、徹底的に生態系を再構築することを目指したのである。その水中風景があまりにリアルなせいで、来館者の一部は、のぞき窓をとおして本物の海を見ていると勘違いしたという。

　なお、この水族館の増築時に日プラ製のアクリルパネルが採用されたことがきっかけとなって、この会社が世界中の水族館にアクリルを供給するようになったのは有名な話だ（2013 年の時点で 70％のシェアを誇っている）。

　ところで、シャマイエフの水族館も、モントレーベイ水族館も、展示内容をまず考え、そのうえでこれを覆う建築がデザインされている。上で紹介した、20 世紀前半に建てられたシェッド水族館ではその順序がまだ逆であった。つまり、ランドマークとして立派に見える建物のデザインを優先し、展示はそれにあわせるものだった。展示は「汽車窓展示」、すなわち美術館の絵画のように、四角い水槽を並べただけであった。

　しかしシェッド水族館がおもしろいのは、流行の変化にともなって、新しい展示を逐次追加していき、さながら各時代の展示の集合体と化していることであろう。たとえば20 世紀末から 21 世紀初頭にかけて、他の水族館で人気を博していたオセアナリウムを追加するとともに、オリジナルのギャラリーの一部を改装してアマゾン展示に切り替えたほか、地下階に「ワイルド・リーフ」という、フィリピンのサンゴ礁を模した「没

Tide 2 水族館の歴史

写真 2.10 シェッド水族館の「没入型展示」（筆者撮影、2015 年 9 月）

写真 2.11 アメリカ最大級の規模を誇るジョージア水族館（筆者撮影、2015 年 9 月）

入型展示」（写真 2.10）を設けている。

　水族館は、とりわけ日米において、大型化の一途をたどった。日本の場合、2002 年に沖縄美ら海水族館がリニューアルオープンしたとき、7500 トンの「黒潮の海」水槽が大きな話題を呼んだ。

　アメリカ・アトランタのジョージア水族館（2005）の水槽も巨大で、縦 80 メートル、横 30 メートル、深さ 10 メートルあり、そのなかを 4 尾のジンベエザメをはじめとする無数の魚が泳いでいる。そこにはおなじみ「水中トンネル」が設けられているが（写

真2.11)、このタイプの水槽の常として、目を凝らすと人工的な天井が見えてしまうのがネックである。

　水族館の巨大化は、いまもとどまるところを知らず、中国・珠海のチャイムロン横琴海洋王国（2013）は、建てられた時点で世界最大のアクリルパネル（幅39.6メートル、高さ8.3メートル、厚さ65センチ）と直径12メートルのアクリルドーム（日プラ製）を持つにいたる。

(3) AR（拡張現実）の技術と融合

　とはいえ、巨大水槽がなくても「没入型展示」をおこなうことは可能である。これからは、たとえばAR（拡張現実〈オーグメンテッド・リアリティ〉）の採用によってユニークな展示をすることができる。ARとは、ヴァーチャル・リアリティ（VR、人工現実）の技術を現実世界に応用するものだ。

　ある物質の外見に、別の物質の外見を与えることのできるプロジェクション・マッピングはそのひとつである。プロジェクション・マッピングは水族館と相性がよく、没入感を妨げる水槽のフレームや壁に、水のような外見を与えることで、その存在感を打ち消してしまうことができる。あるいは、コンピュータによって作成されたヴァーチャルな生きものを投影してみせることも可能である。

　新江ノ島水族館は、2014年にプロジェクション・マッピングを導入している。クラゲの水槽の周囲に海中世界を再現し、疑似的なダイビングを演出する「海月の宇宙〈くらげのそら〉」はいまも人気のあるプログラムのひとつだ。

　また、ディズニーワールドの「エプコット」というエリアには「ザ・シー・ウィズ・ニモ＆フレンズ」という一種の水族館があるが、そこではディズニーの「ニモ」をはじめとするデジタル・キャラクターが水槽のガラスに投影される。つまり本物の魚と、ヴァーチャルな生きものがいっしょに泳ぐさまを来館者は見ることができるわけで、「現実」と「人工現実」の境界が薄れていく時代の到来を予感させる。

　AR・VR技術は、今後水族館にますます取りこまれていくだろう。タブレットのカメラを魚に向けると、画面にデジタル情報が表示されるような展示ができれば、娯楽〈エデュテインメント〉と教育の融合もますます進むにちがいない。しかしいっぽうで、こうした技術が水族館のライバルを出現させる可能性も秘めている（後述）。

2.3　これからの水族館のあるべき姿とは？

(1) 水族館はいま危機にある？

　ここまでの発展を見ると、水族館には洋々たる未来が開けているように思えるかもしれない。だがじっさいには、水族館は21世紀においても存続できるかどうか、危ぶむ

Tide 2　水族館の歴史

声があがっている。

　2015年4月に、世界動物園水族館協会（WAZA）が、日本の園館がいまなお野生のイルカを捕獲しているという理由から会員停止をいいわたし、1か月たっても改善が見られないかぎり除名するといいわたすという出来事があった。このとき日本動物園水族館協会（JAZA）は、野生のイルカ導入を断念するというかたちで除名を免れたが、これが日本のイルカ漁にたいする攻撃だとして、マスコミでとりあげられ、感情的に反発する人びとも多かった。

　こうなった直接のきっかけは、イルカ保護団体オーストラリア・フォー・ドルフィンズのサラ・ルーカスが、WAZAの会員（JAZAのこと）が、イルカを「暴力的にさらっている」ことに異議を申し立て、ジュネーブ裁判所に訴える構えを見せたことであった。これにWAZAはあっけなく降伏、JAZAの会員停止処分にいたったのである。

　しかしここだけを見て「外圧」とみなすのは正しくなく、じっさいはそれ以前から、日本のNGOも、JAZAやWAZAにたいし追い込み漁の中止を働きかけていた。ついでにいえば、2004年の時点で、WAZAの総会において、追い込み漁によるイルカ捕獲にたいする非難決議がすでに可決されていた。きっかけは、WAZAの関係者が、別地域の凄惨な追い込み漁を写した古いフィルムを見て、太地町のものだと勘違いしたためだというが、仮に漁が残酷でなくとも、野生のイルカを捕獲することそれ自体が問題だという認識がある。

　さらにいえば、「JAZA会員資格停止事件」は、1970年代に世界的レベルで生じた「人間中心主義から環境中心主義へ」という転換や、それとともに発展してきた「動物の福祉」運動と「動物の権利」運動なども視野に入れて、その深刻さが理解されるのである。

(2) 環境意識の芽生え

　水族館がめざましく発展した1960～70年代は、絶え間ない乱獲、開発、公害、核実験によって、われわれ人間が環境にとりかえしのつかないダメージを与えてしまうのではないかと真剣に考えられはじめたころにもあたる。たとえば海洋学者レイチェル・カーソンは、『沈黙の春』（1962）を出版し、農薬がもたらす環境破壊の恐ろしさを訴えた。また1969年には、産業廃棄物の火災や石油流出事故が相次いだことから、1970年4月22日に環境保護を訴える「アース・デー」がアメリカではじめて開催された。

　このころ、各国で環境破壊が深刻になっていたこともあって、1972年、日本を含む113か国と主要国際機関が参加して、ストックホルムで「国連人間環境会議」が開かれる。そして、天然資源の合理的管理、汚染物質の管理、開発と環境といった諸問題が、「人間環境」（Human Environment）という枠組みのもとではじめて国際的に議論された。このとき、クジラの乱獲も問題視され、10年間にわたりクジラの仲間全種の捕獲を中

止すること、すなわち「商業捕鯨モラトリアム」が勧告案として出され、採択されている。

このとき生じたのは、それまでのように人間が自然環境や生きものを好き放題にすることは認められないという、意識の変化である。おなじころ、科学や技術が進歩していけばよりよい社会が生まれるはずだという発想も終わりを迎え、宇宙開発や海洋開発は支持されなくなっていった。水族館を生み育んできた、人間中心主義と進歩主義の時代は過去のものとなったのである。

(3)「動物の福祉」・「動物の権利」運動に直面して

かわって声高に叫ばれるようになったのが、「動物の福祉」や「動物の権利」である。

これらの概念は、厳密にいえば重なるところもあるが、通常は区別される。「動物の福祉」を求める運動は、動物の虐待を防ぐことを目的とする。これを支持する人びとの関心は、あくまでも動物の苦痛を和らげることにあり、動物の利用そのものは否定しない。

これにたいし、「動物の権利」を主張する人びとは、食料、衣料、実験、娯楽などのために動物の利用することに反対する傾向がある。人間だけが、他者のために利用されない権利を持っているのはおかしい、と彼らは説く。過去において奴隷が解放されたように、社会性があったり、理性があったり、苦痛を感じる能力があったりする生きものもまた解放されるべきというわけだ。

簡単に解説しておくと、「動物の権利」に理論的支柱を与えたのは哲学者のピーター・シンガーとトム・レーガンである。シンガーは、痛みなどを知覚できる生きものを、人間と違うようにあつかうことを「種差別」と呼び、これは人種差別とおなじくらいひどいものだと位置づけた。レーガンは、人間のみならず一部の動物は、興味、期待、願望、記憶、未来への感性などを持っており、人間とおなじくらいの配慮を受けるに値すると主張した。レーガンによれば、そうした生きものは集団としてではなく個々の存在として、本来備わった価値を持つ。この観点から、彼は「動物園［ならびに水族館］は倫理的に弁護できるか？——権利の立場から答えれば、驚くべきことではないが、否。そうではない」と断言している。

もちろん、彼らだけが「動物の権利」という概念の形成に一役買ったわけではない。むしろ彼らの理論は、動物を当たり前のように利用することに抵抗を感じる人びとの気持ちをくみとり、結晶化したのだ。

1960年代には、イギリスで狩猟に反対していたグループが「動物の権利」に近い考えをすでに持っていたといわれる。シンガーの『動物の解放』が刊行されたのが1975年、レーガンの『動物の権利の場合』が出たのは1983年である。70年代から80年代のあいだに、動物の権利団体がいくつも結成されたが、そのひとつが世界的に有名な「動物

の倫理的あつかいを求める人びとの会」（PETA）である。PETA は、一部の魚はネコに匹敵する知能を有しているだけでなく、海で暮らすために生まれてきたのだとし、「最大の、もっともよく運営されている水族館でさえ、外洋とは比較にならない」（公式サイトより）と主張する。また、海洋哺乳類の飼育にははっきり反対の立場をとっている。日本でも、アニマルライツセンターが 1987 年に設立されており、「動物の権利」運動は欧米にかぎられたものではない。

　もちろん、「動物の権利」の範囲は各人の解釈によって異なってくる。ドナルド・リンドバーグによると、アメリカ人の 80％は「動物には権利」があると答えているが、それはただ、動物は敬意をもってあつかわれるべきというレベルのようだ。

　しかしこうした背景もあって、動物園や水族館の飼育状況に厳しいチェックが入るようになっているのは紛れもない事実である。最近の事例としては、イギリスの飼育動物保護協会（CAPS、2018 年にフリーダム・フォー・アニマルズに改称）が、2013 年から 14 年にかけて、同国内にあるシーライフ（水族館チェーン）をいくつも隠密裏に調査したことが挙げられる。

　CAPS は、生きものの入手方法、飼育環境、保全や教育へのとりくみなどにかんして、問題と映ったところを徹底的に批判した（その報告書はインターネット上で公開され、誰でも読むことができる）。ちなみに CAPS は、「動物の福祉」活動家とも、「動物の権利」活動家とも協力しあってきた歴史をもっている。

（4）ミッション（使命）の再定義——繁殖と保全をめざして

　このような流れのなかで、水族館はどうあるべきか。動物学者であると同時に、動物保全にもとりくんできた実績をもつマイケル・ハッチンスは、「動物の福祉」ならびに「動物の権利」運動を深刻にとらえておかなければ、動物園や水族館は人びとの支持を失う恐れがあると警告する。だから、動物の物理的、心理的欲求を満たす展示の改善にとりくみつづけるべきであり、施設のデザインにあたっては動物行動学者との連携が必須となる。

　さらにハッチンスは、これからの動物園や水族館がになうべき「ミッション」（使命）とはなにかを問う。ひとつは、教育機能の充実だ。ほかは、繁殖プログラムの充実と、動物保全へのとりくみである。野生から動物を捕まえてきて展示するのは、環境破壊や乱獲が問題となっている現代において、人びとの理解を得ることはもはや難しい。だから、各動物園・水族館が共同で個体数を管理していくのはもちろん、動物管理の専門家を養成するとともに、大学の研究者と協力して動物の行動、繁殖、栄養について研究し、さらにそのデータをインターネット等で共有する必要があるという。

　また、これまでは「域外保全」といって、絶滅に瀕した動物を生息域外（たとえば動物園や水族館）で繁殖させ、ふたたび自然界にもどす試みがおこなわれてきたが、むし

ろ、園館は「域内保全」、つまり生息域内で動物を守る活動にもっと関与すべきだとハッチンスは指摘する。園館は、個体数の管理、生態系の回復、避妊、遺伝子の分析、獣医学的なケアの方法についてのノウハウを持っており、これを生息圏域の野生動物に応用することが可能なうえ、さらに現地の人びとを雇って支援することもできる。

もっとも、こうした提言を等しく動物園と水族館にあてはめるのは、難しい面もある。飼育動物の性質が異なっているからだ。

まず海洋哺乳類についてだが、アメリカの水族館はすでに繁殖にとりくんでおり、イルカの場合、現在飼育されているもののうち7割が繁殖で生まれたもので、3割が80年代に繁殖プログラムがスタートする以前に野生から導入されたものだという。

シャチに関しても、たとえばシーワールドは、70年代に野生から導入しようと最後に試みて猛烈な批判にさらされてのち、繁殖にとりくむようになった。ところが、シャチがトレーナーを殺した事件に焦点を当てた映画『ブラックフィッシュ』(2013)が公開されると、ショーそのものが批判の対象となり、2016年にシーワールドはとうとう中止を表明、繁殖もやめる方針となった。PETAはこれを支持するとともに、シャチを海に帰すよう引きつづき働きかけるつもりだという。

イルカやシャチの仲間は、これまでの研究によって――皮肉にもそれらは飼育イルカを対象にしたものだが――すぐれた知能を持ち、鏡に映った自分の姿を認識できることなどが判明しており、それゆえにいっそう捕獲の残酷さやプールの狭さが強調される傾向にある。

先ほど紹介したWAZAがJAZAに圧力をかけた問題も、以上の背景を知ったうえで考える必要があろう。WAZAがおこなった決議が乱暴だったのはたしかだ。しかし、「娯楽のために動物を利用している」という批判にさらされている動物園・水族館が、保全を前面にうちだして延命をはかっている時に、イルカの捕獲が矛盾して見えたのは疑いない。イルカ保護団体に圧力をかけられたWAZAがJAZAをかんたんに切り捨てにかかったのも、この問題で国際世論を敵にまわせばひとたまりもないと判断したからである。

さらに、水族館が飼育するのは海洋哺乳類だけではない。魚などのコレクションは今後どうするのか。日本はもちろん、世界の水族館は、魚や無脊椎動物に関してはあいかわらず収集や業者からの購入に頼ったままで、これがすでに批判の対象となっている。

国産淡水魚の繁殖については、じつは日本の水族館は誇るべき実績をもっており、ミヤコタナゴやイタセンパラといった希少淡水魚を、収集に頼らず、遺伝子の多様性を保持しつつ繁殖させる努力をしてきた（2015年の時点で、日本産希少淡水魚繁殖検討委員会は19種の淡水魚の繁殖にたずさわっている）。

海水魚や汽水魚の繁殖はさらに難しい、と世界淡水魚園水族館の池谷幸樹氏はいう。これらの魚の卵や稚魚が非常に小さく、管理が難しいからである。そもそも水族館自体

Tide 2　水族館の歴史

が保全目的でつくられた施設ではなく、展示水槽はあくまでも魚の観察用にできていて、高密度なうえ隠れ家も少なく、光や水温も繁殖用に調整されていない。

しかし、「今後間接的に乱獲や環境破壊を助長するような行為は制限されるであろうし、輸出国も自国の生物・遺伝資源を簡単には国外に出さなくなることが予想される」と池谷氏はいう。だから、まずは「1水族館1種累代繁殖」といった目標を決め、そこで得られたノウハウを「域内保全」に応用できるようにしてはどうか、と提言している。

とはいえ、仮に繁殖に成功しても、飼育する魚の遺伝子の多様性を保つためには、野生の魚を補充しなければならないし、これまで協力してきた世界の業者と手を切るのも考えにくい。安易にそうすれば、彼らの保全に対する意欲をかえって低下させかねないとの指摘もある。それゆえ水族館は、魚や無脊椎動物などについては、繁殖をはかりつつも、水族の「持続的利用」の大切さをアピールしつづけるものと思われる。

なお、繁殖プログラムと域外・域内保全へのとりくみが、園館にたいする批判をかき消す魔法の力を持つのかといえば、そうではない。そうしたとりくみ自体が批判の対象となっているからである。

繁殖や保全を実施するには、人工授精、麻酔薬の実験、血液などのサンプル収集、タグのとりつけなどをおこなわないといけない場面がどうしてもでてくるのだが、これが動物実験に反対する「動物の権利」擁護者には受け入れられないのだ。たとえば、「人類全体の繁栄のため」と称して、勝手に選ばれた個人がむりやり人工授精させられることは許されない。それと同様に、動物にも「個々の権利」があると認める人びとは、「種全体の繁栄のため」と称して、選ばれた生きものを実験の対象とすることは許されない

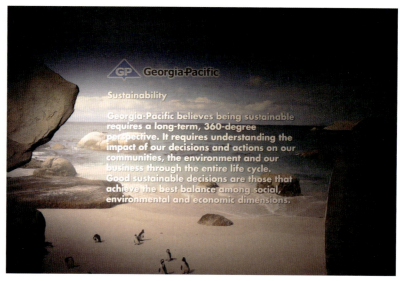

写真 2.12　「持続的利用」は社会、環境、経済のあいだにバランスをもたらすために重要だとする説明板（ジョージア水族館、筆者撮影、2015年9月）

2.3 これからの水族館のあるべき姿とは？

とみなす。

つまり、動物を個体ごとに尊重せず「種」としてひとくくりにあつかうことそのものに異議があるわけだ（先に挙げた『ブラックフィッシュ』でも、シーワールドの繁殖プログラムを個々のシャチに負担を強いる非人道的なものとしてあつかっている）。考えてみれば、動物を「その他大勢」としてあつかい、保全しようとする態度は、かつての「支配的態度」を改めるものではなく、むしろその延長線上にある。「動物の権利」を主張する人びとにとって、水族館の活動に見え隠れするこうした態度こそが許しがたいのであろう。

先にも述べたように、水族館はもともと、帝国主義の時代に誕生したものであり、そのDNAをまだ宿している。そのことを銘記したうえで、これからの展示、教育、保全活動はどうあるべきかを考えていかねばならない。

(5)「ヴァーチャル水族館」は代替物たりうるか

最後に、水族館のライバルとなる可能性がある施設の出現にも触れておきたい。それは「ヴァーチャル水族館」である。2015年に、テーマパークのアトラクションをデザインしてきたランドマーク・エンターテインメント・グループのCEOトニー・クリストファーが、中国にヴァーチャル動物園・ヴァーチャル水族館を含む「L.I.V.E.センター」を設立するとメディアに語った。そこでは、ヘッドセットをつけてヴァーチャルな生きものを見学することが可能となり、絶滅種はもちろん、骨格だけで動いているさまも見ることができるようになるはずだという。

写真 2.13 ニューイングランド水族館は、来館者にこう問いかける。「私たちはどのようにして、共生することを学ぶのだろう？」（筆者撮影、2015年9月）

当然ながら、本物の動物に触れたいというありふれた欲求を、ヴァーチャル水族館がかんたんに満たせるとは思えない。それに、ヘッドセットなんかかぶっていれば、落ちついて海中世界を覗きこむ楽しみがそがれてしまう。

しかし、もしヴァーチャルな生きものを展示するいっぽうで、その利益を保全活動にまわすと公表したりすれば、一定の支持を集める可能性がある。クリストファーは、「PETA はヴァーチャル動物園に関する初期のプレゼンテーションを見て、気に入っていたよ……僕は、動物園で動物を所有することは政治的に正しくないと信じている」とデジタル・メディア・ウェブサイトの『マッシャブル』に語っている。

未来において何が生じるか、予言するのは難しい。しかし「ヴァーチャル水族館」が、伝統的な水族館のありかたに挑戦するようになるのは、まちがいないだろう。

ハッチンスはこう書いている。「事実、動物園や水族館が……つぎの 1000 年間を生き残るという保証はない。とくに彼らが、起こりつつある数多くの変化についていくことに失敗したならば」。これからの数十年は、水族館の存在意義が真剣に問われる時代となろう。本案内をきっかけに、皆様もまた、水族館のあるべき姿についていっしょにお考えいただけたら、幸甚のいたりである。

参考文献・サイト一覧

Chermayeff, Peter. 'The Age of Aquariums.' *World Monitor*. 5.8. (1992): p.54.
Davis, Susan G. *Spectacular Nature*: *Corporate Culture and the Sea World Experience*. Berkeley: University of California Press, 1997.
Furnweger, Karen. *Shedd Aquarium*. Nashville: Beckon Books, 2012.
Gosse, Philip Henry. *The Aquarium. An Unveiling of the Wonders of the Deep Sea*. London: Forgotten Books, 2012.
Groeben, Christiane. Anton Dohrn: 'The Statesman of Darwinism: To Commemorate the 75th Anniversary of the Death of Anton Dohrn.' *Biological Bulletin*. 168, Supplement: The Naples Zoological Station and the Marine Biological Laboratory: One Hundred Years of Biology. 1985, pp. 4–25.
Harter, Ursula. *Aquaria in Kunst, Literatur und Wissenschaft*. Heidelberg: Kehrer, 2014.
Hill, Ralph Nading. *Window in the Sea*. New York: Rinehart & Company, 1956.
Hutchins, Michael. Zoo and Aquarium Animal Management and Conservation: Current Trends and Future Challenges. *International Zoo Yearbook*. 38.1. (2003): pp. 14–28.
Kisling, Vernon N. ed. *Zoo and Aquarium History*: *Ancient Animal Collections to Zoological Gardens*. Boca Raton: CRC Press, 2000.
Lachapelle, Sofie and Heena Mistry. 'From the Waters of the Empire to the Tanks of Paris: The Creation and Early Years of the Aquarium Tropical, Palais de la Porte Dorée.' *Journal of the History of Biology*. 47.1. (2014): pp. 1–27.
Lindburg, Donald G. 'Zoos and the Rights of Animals.' Armstrong, Susan J. and Richard G. Botzler, ed. *The Animal Ethics Reader*. New York: Routledge, 2003, pp. 471–480.
Mitman, Gregg: 'Cinematic Nature: Hollywood Technology, Popular Culture, and the

American Museum of Natural History.' *Isis*. 84.4 (1993): pp. 637–661.

Mizoi, Yuichi. 'The Exhibition of Oceans: A History of the "Immersive Exhibition" at Public Aquariums from the 19th to the 21st Century.'『関西大学文学論集』66.3. (2016): pp. 79–122.

Mizoi, Yuichi. 'A Cultural History of Watching Fish "From the Side and from Below": Roman Fish Ponds, Natural History Books, Cabinets of Curiosity, Goldfish Bowls and Aquariums.' 長谷部剛編『日本言語文化の「転化」』関西大学東西学術研究所, 2017, pp. 212–256.

Palmer, C and CAPS. *A CAPS Investigation into the UKs Largest Public Aquarium Chain. Full Study Report*. 2014.

Powell, David C. *A Fascination for Fish: Adventures of an Underwater Pioneer*. Berkeley: University of California Press, 2001.

Regan, Tom. 'Are Zoos Morally Defensible?' Susan 2003, pp. 452–458.

Rehbock, Philip F. 'The Victorian Aquarium in Ecological and Social Perspective.' Sears, Mary and Daniel Merriman, ed. *Oceanography: The Past*. New York: Springer, 1980, pp. 522–539.

Saxon, A. H. 'P. T. Barnum and the American Museum.' *The Wilson Quarterly*. 13.4. (1989): pp. 131–137.

Simonis-Empis, H. ed. *Guide-souvenir de l'Aquarium de Paris / Exposition universelle de 1900*. Paris: Exposition internationale, 1901

Taylor, Leighton. *Aquariums: Windows to Nature*. New York: Prentice Hall General Reference, 1993.

池谷幸樹:「水族館における日本産淡水魚の保全」『博物館研究』50.11. 2015 年、14-17 頁。

上野吉一:「動物園／水族館における種保存事業の理解に向けて――一般市民の意識が変わることも園／館を"本当"の姿に変える力になる」『生物の科学 遺伝』69.6. NTS, 2015 年、462-465 頁。

岡島成行:『アメリカの環境保護運動』岩波書店、1998 年。

栗田正徳、岡本仁:「水族館としての種の保存の現状」『生物の化学 遺伝』69.6. NTS、2015 年、466-469 頁。

堺史談会:『堺水族館記』堺史談会編輯局、1903 年。

サンスティン、キャス・R ほか編（大林ほか監訳）:『動物の権利』尚学社、2013 年。

敷山哲洋:「『水族館用アクリル水槽』にこだわり続け世界五〇か国に進出」『ニュートップ L.』5.3. 2013 年、18-20 頁。

鈴木克美、西源二郎:『新版 水族館学』東京大学出版会、2010 年。

鈴木克美:『水族館』法政大学出版局、2003 年。

高岡武司:「国連人間環境会議とその後の国際的動向」『環境技術』2.4. 1973 年、221-226 頁。

伴野準一:『イルカ漁は残酷か』平凡社、2015 年。

農商務省水産局:『第二回水産博覧会附属水族館報告』東京印刷、1898 年。

ハーツォグ、ハロルド（山形浩生ほか訳）:『ぼくらはそれでも肉を食う――人と動物の奇妙な関係』柏書房、2011 年。

溝井裕一:『水族館の文化史』勉誠出版、2018 年。

吉見俊哉:『博覧会の政治学』講談社、2010 年。

Captive Animals' Protection Society. 'Our history.' 26 December 2017. <https://www.captiveanimals.org/about-us/our-history>.

McFarland Matt. 'A Company Bets Its Future on Virtual-Reality Aquariums in China.' 9

June 2015. *The Washington Post*. <https://www.washingtonpost.com/news/innovations/wp/2015/06/09/a-company-bets-its-future-on-virtual-reality-aquariums-in-china/>.
日プラ公式サイト <http://www.nippura.com/>. 2018年5月28日アクセス。
Peple for the Ethical Treatment of Animals (PETA). "Fish in Tanks." 20 Februry 2017 <http://www.peta.org/issues/companion-animal-issues/cruel-practices/fish-tanks/>.
Peter Chermayeff LLC. 16 July 2016. <http://www.peterchermayeff.com>.
Strange, Adario. 'Virtual Reality Amusement Park in China Will Include a Virtual Zoo.' 11 June 2015. *Mashable UK*. 19 July 2016 <http://mashable.com/2015/06/10/virtual-reality-amusement-park/#xE.nfP2W1gq9>.
Woods Hole Science Aquarium. 'About the Woods Hole Science Aquarium' 3 December 2017. <http://aquarium.nefsc.noaa.gov/aboutus.html>.

Tide 2「水族館の歴史」のツアーを終えて

ふく　人や施設の名前もいろいろ出てきましたね。ところでみなさん、これ、どう読みます？「水族館」

ひらまさ　「すいぞくかん」です。これはなにか…。

さより　「すいぞくかん」ね。

あゆ　「すいぞっかん」ん？なんで？

ふく　子どもは「水族館」を「すいぞっかん」ということが多いですね。大人は「すいぞくかん」

あゆ　あ、私まだ子どもなんだ、しまった。

ふく　私も急いで早口でいったり、夢中で話したりしているときは「すいぞっかん」になります。ありがとうございます。さてと。

ひらまさ　あの、ちょっと。音のクオリアとかの話になるのかと身構えていたのですが。

ふく　あ、いや、発音したときの音の感じは「すいぞっかん」の方が親しみあるかなと。さて、この Tide は世界と日本の水族館の歴史を一気にたどりつつ今日につながる水族館の課題の一端をも照らし出すような内容でしたが、みなさん、いかがでしたか？

ひらまさ　水族館も動物園と同じくヨーロッパ起源なんですね。日本初の水族館が上野動物園のなかにあったとは。1882年ということは日本初の動物園である上野動物園の開園の同年ですね。動物福祉については普段あまり考えたことがなかったということに気づきました。イヌとかネコとかを「動物」なんだと認識しているけれど、ぼくらはナマコやヒトデとかをイヌやネコと同じような感覚で「動物」とは認識していないように思います。魚もそうかなあ。知

	能とか意識とかがあるかないか。でもどこで線を引くのか。生物学的には決まっているのでしょうが。
さより	動物福祉については動物園では相当に配慮していると思うの。エンリッチメントなんて職員の間でふつうの会話に入っているものね。でも水族館ってどうでしょうねえ。水族館が動物を粗末に扱っているとは思わないけれど。動物愛護とか動物の権利とか、背景はお話しを聞いてなんとなくわかったけれど難しそうね。
ふく	このあたりの言葉はかなり混乱して使われていることもあるように思いますね。動物愛護というのも日本でよく使われる言葉ですが、法律のうえでは「愛護動物」は哺乳類、鳥類、爬虫類となっています。
あゆ	ふ〜ん。じゃあ、爬虫類のヘビは愛護動物だけどカエルや魚やカニは愛護動物ではないんだ。なんか相当に難しそうなにおいがぷんぷんしてくるけど、私はイルカ問題をもっと勉強したくなったかな。なんとなく水族館のイルカの由来とかの話は知っていました。でも、水族館の楽しい、かわいいイルカだけを知っていることにしたかったという気持ちがあったのが正直なところかな。知らないことにしておこうみたいな。私ももう大人だし、イルカ大好きだし、大学卒業した後も水族館に元気なイルカを見に来たいし。もっと知ることにしようと思います！
ひらまさ	水族館のライバルにVR（仮想現実）やAR（拡張現実）がなるかもしれないというのは、なんだか不思議な気持ちになりました。水族館の歴史を考えてみると、いくつかの技術革新によって水族館はある時期から急速に発展してきた  ともいえますよね。大型のアクリル板の製造とか水をきれいにして循環するシステムとか。これからは映像技術や情報技術が水族館にも変革をもたらすのか。でも、その先端技術が水族館の根幹そのものの代替となりえるとしたら…。
ふく	現実の水族館ではすでに様々な映像技術が応用されています。プロジェクションマッピングのようなものは2013年に葛西臨海水族園でも夏の短期イベントとして試行していましたが、最近ではかなり普及してきましたね。
さより	私の関心がある歴史ネタでも発見があったわ。ひらまさんもおっしゃっていたけれど、日本で最初の水族館が「うをのぞき」という名前だったなんて。なんか不思議な響きね。魚はのぞき見から始まったのね。知ることってわく

Tide 2 水族館の歴史

わくしますね。こういう楽しい勉強なら一生続けたいわ。水族館でも生物学とか自然保護とかばかりじゃない切り取り方や見方って楽しいし大切なことね。自然と文化を切り離さずに伝えられたらもっと魅力的な場所になりそうね。

あゆ　だね！水族館をバイオロジーとかサイエンスとかの呪縛から解き放とう！水族館にもっと自由を！そうだ、レキ○に曲つくってもらうとかどう？楽しそう。ぜったいおもしろいよ。水族館の歴史を楽しく覚えられそう。「1882 水族館をつくりたーい♪　スズキさんもつくりたーい。イシモチさんもつくりたーい。うを・ぎょ・さかなーをのぞきたーい♪うえのにズーと、坂道下って谷中〜さかな〜かな〜♪」なんて。

ひらまさ　それいいね！ダンスもつくって。

あゆ　そうそう。振付けはTAKA△△RO先生を推薦！なんか、ひらまささんと珍しく意見が合った。妄想仲間だね。

ふく　帝国主義と水族館の発展などけっこうシビアな話でもありましたが妄想力で乗り切りそうですね、妄想3人組のみなさん。

さより　えっ？3人組って、私も？（笑）

Tide 3

水族館の調査・収集

ふく これまでに水族館の飼育生物の話がいくつもでてきました。つぎはその生きものがどこからどうやって水族館に運ばれてくるのかをみていきたいと思います。

さより 水族館って、いつ行ってもたくさんの珍しい魚やカニとかいるけど、どこから来たのかとか、どうやって運んできたのかとか意外と知らないわよね。

あゆ 活魚料理店には専用の活魚車で運ばれてくるじゃないですか、産地から生きのいいのが。水族館も専用の大きな活魚車を持っているんじゃないかな。水族館ジャンボ活魚車。全面ガラス張りにしたら楽しそう！ウインカーは光るクラゲ。運転手は浦島太郎か乙姫の仮装とかしてね。「海の声」の曲、流しちゃおうか。

ひらまさ あゆさん、妄想、いや想像の翼を広げるのはちょっとまってください。水族館によっては海を隔てた外国の生物を飼育展示しているところもありますね。まさか外国から活魚車でというのも考えにくいかと。

あゆ あっ、そうかあ。じゃあ、空輸じゃないの。ヒコーキ、航空便。成田空港や関西空港にボーイング787で着いて。現地でとってすぐに冷凍にして新鮮状態で運ぶの。水族館おさかな生鮮パック！

ひらまさ あの、冷凍すると死んでしまうのではないかと。

あゆ そりゃあ…魚は死んじゃうか。ああ、5秒で現実に引き戻されたね。短い夢だったよ。ボーイング787、カーボン素材使ってるしデザインも好きなんだけどな。ヒコーキのラッピングとかすごく楽しくなるんだよね。パンダとかジンベエザメとかときめくんだけどなあ。関係ないかあ。

ひらまさ すみません。夢を壊してしまって。

さより まあまあ。食品じゃないしね。生きているものですものね。船で運ぶのかしら。タンカーの油の代わりに海水を入れれば、たくさんの魚を運べそう。でもそれじゃあ時間がかかりそうね。

ふく さてさて、どうでしょうか。水族館に長く勤め、世界の海に自ら潜り、採集、生物輸送を数多く経験した水族館の職員、中村浩司さんの話に耳を傾けてみましょう。あ、ちなみに、ですが、上野動物園のジャイアントパンダはパンダのペイントがされたジェット機に乗って日本にやってきたらしいですよ、

Tide 3 水族館の調査・収集

あゆさん。

あゆ　え〜！そうこなくっちゃ！動物園や水族館ってゼッタイ夢は必要だよ！

さかなを調べる・集める・運ぶ

案内役：中村浩司（葛西臨海水族園）

3.1 水族館の生物収集 ―水族館の展示生物はどうやって集めているのか？

　動物園で展示している動物の多くは、計画的に繁殖させ、動物園同士で動物交換し、たがいに融通しながら展示を維持している。陸上の野生動物の多くは、環境の悪化や乱獲などで海洋生物を含む水生生物よりも目に見えて早く減少がすすみ、現在も絶滅の危機に瀕している種が多いのが大きな理由であろう。では、水族館の展示生物はどうだろうか。水族館でも当然、繁殖に力を入れ積極的に動物交換は行っているものの、動物園ほど多いとはいえない。

　水族館の展示生物の入手方法は様々であるが、多くを野外に依存している。つまり、ほとんどは野生由来の個体であるといってよいだろう。この Tide では、水族館における水生生物の収集方法や輸送、そして研究といったテーマについて、東京の葛西臨海水族園におけるいくつかの例をあげながら述べてみたい。

　水族館の展示生物は、大きく3つの方法で集めている。ひとつは購入、ふたつ目は他の水族館との動物交換や分譲、3つ目に野外からの採集がある。

(1) 購入する 〜マグロやイワシ、深海魚でさえも買える時代〜

　購入は自分で採集するよりも安全に、そして安定的に、時には安価に入手することができる。その反面、購入では飼育担当者が実際の生息環境を見ることができないため、タイムリーな野外の情報を、展示や解説へ生かすことができないというデメリットもある。購入した生物だけで展示を作ることもできるが、それぞれの水族館の独自色を出すことが難しく、「どこかの水族館で見たことがある展示」となってしまうおそれがある。当然のことながら、多くの水族館では、この購入と分譲・交換や採集（自家採集）とを組み合わせて展示を作り上げている。

　日本はペット輸入大国である。鑑賞魚といえば以前は淡水のいわゆる熱帯魚が中心であったが、いまや世界中の様々な生物が流通しており、小売店で購入することができる。犬や猫に限らず、両生類や爬虫類、海水魚も人気だ。それだけ、日本人が生物に対して関心が高いことを示しているのだろう。日本には60以上もの水族館がある。これほどまでに高密度で数多くの水族館が存在している国は他にない。たくさんの水族館が存在していれば、そこへ生物を供給するビジネスが成立する。水族館専門の観賞魚業者が国内外に多数存在し、現在では熱帯魚と呼ばれている南国の魚はもちろん、様々な海域の

3.1 水族館の生物収集 —水族館の展示生物はどうやって集めているのか？

生物が購入可能である。

　日本の漁業や養殖技術は世界一といっても過言ではない。ブリやタイ、サケ・マスの養殖からはじまって、今やマグロでさえも完全養殖できるようになった。当然、食用として養殖しているのだが、日本人は魚の味だけでなく、体型や体色などにもうるさいため、養殖魚といえども展示生物としても十分に通用することができる。また、漁獲された魚の一部は活魚として市場や魚屋などで一般の消費者に売られている。活魚として扱われている魚貝類の種類は多く、ムラサキウニやサザエ、マナマコといった生物は、スーパーでも普通に売られているほどだ。これらの生物は、タッチプールなどでは人気の生物なので、絶やすことはできない。いっぽうでムラサキウニやナマコは水産上重要種であり、海で許可なく採集することはできないため、購入に頼らざるを得ない種でもある。イワシ（マイワシ、カタクチイワシ）は食卓にのぼる代表的な魚であるが、群れ展示の美しさから今や水族館では人気の魚となっている。イワシのような魚を入手する場合、カツオの一本釣り用やメバル釣り用の餌としてイケスで蓄養されているものを一部分けてもらっている（写真3.1）。

　かつて、底曳網などで漁獲される深海生物の多くは、商品として売れることはなく、地元で消費されるか投棄されるなどしていたが、変わった形や色、そして気持ち悪さなどがうけて、水族館では一躍人気の種となった。漁師も今まで捨てていたものが水族館に売れるということがわかり、丁寧に扱ってくれるようになった。また、一部の業者では、この深海生物を販売するところまで現れている。しかしながら、深海生物の採集は依然として難しく、流通している種はほんの一部にすぎない。

写真 3.1　マイワシの群れ展示

(2) 分譲・交換する　～水族館同士、協力し合う時代～

　前述のとおり、水族館同士の生物の交換は、動物園ほど頻繁に行われているわけではない。そもそも、水族館が扱う生物の分類群は非常に多様で、海獣類やイルカなどから鳥類、魚類、さらにもっと下等な甲殻類や棘皮動物、はたまたカイメン動物や海藻類まで様々である。極端に寿命の短い種や、繁殖技術が確立していない種も多い。しかし、一部の長期飼育が可能な種や繁殖技術が確立した種などは、その余剰分をお互いに融通しあうことによって、野外からの採集を極力少なくすることでその地域の個体群への悪影響をできるだけ減らし、無駄なコストを削減するように努力している。

　その地域でしか手に入らない種、例えば、コンニャクウオ属のビクニン（ザラビクニン、サケビクニン）という深海魚（写真 3.2）は、東北・北陸の日本海側や北海道の沿岸において主にエビカゴ漁で混獲される。魚体が寒天のようにやわらかく、とても繊細な弱い魚なので、取り扱いには細心の注意が必要だ。筆者の勤務する葛西臨海水族園は東京都内にあり、遠方の採集地に長期間滞在し、このような種を採集することは簡単ではない。生息海域に近い水族館に協力を要請し、採集してもらった個体を動物交換している。「アマエビ」の名でよく知られているホッコクアカエビも日本海で漁獲される繊細で美しいエビだが、生息地に隣接した水族館の協力なしでは展示することはできない。

　海外の生物を手に入れる場合も、手段のひとつとして現地の水族館に協力してもらい、こちらが持っている種と交換する方法がある。これにより、採集や輸送の許可を得ることが難しい国でも入手することができるし、コスト面でも安く済む。

　地中海は、ヨーロッパとアフリカに囲まれた閉鎖的な海域で、固有の生物も多い。葛

写真 3.2　サケビクニン

西臨海水族園では、「世界の海」という展示エリアがあり、その中に「地中海」という水槽がある（写真3.3）。この水槽の展示生物を収集するために、以前は地中海沿岸の国に出張し、潜水採集を実施していた。しかし近年は採集許可の取得が難しくなり、私たちが現地に赴いて直接採集することは難しくなってしまった。そこで、ヨーロッパの観賞魚業者から購入することにしたのだが、なんと、送られてきた魚は、これまで展示してきた同種の魚とは、まったく違った体色をしていたのだった。いろいろ調べてみると、地中海と一口にいっても、東西に約4000kmもある広大な海であり、西は大西洋、東はエーゲ海や黒海、スエズ運河などとも接続しており、生息している魚類の体色ひとつをとっても西と東とでは、これが同種かと疑うくらいに違っていたのだった。どこか一箇所に場所を絞って採集してくれとお願いしても、遠く離れた日本の一水族館のわがままな依頼をいちいち聞いてはくれないし、毎年、たくさん買うわけでもないので利益にもならないため、対応してはくれなかった。そこで、20年以上もの長い付き合いのあるモナコ海洋博物館と正式にパートナーシップ協定を結び、動物交換をすることで、これまで通り、生物が入手できるようになった。協定を結んだことによって、単に生物を融通しあうだけでなく、飼育技術や職員の交流なども行われるようになっている。

(3) 採集する　〜集め方のいろいろ〜

水族館職員の仕事というと、どのようなイメージを持つだろうか。水族館（建物）の中で水槽の魚に餌を与えたり、水槽に潜って掃除したりと、あまり外に出て仕事をしているイメージではないかもしれない。しかし、展示生物を集めるために、水族館の収集担当者は、海や川、ときには海外へも行って生物を集めている。どこの水族館も様々な

写真3.3　地中海の代表的な魚ペインテッド・コムバー

Tide 3 水族館の調査・収集

方法で一般に流通していない種を入手しているのだ。一般に、飼育担当者が様々な場所へ出張して生物採集を行うことを自家採集と呼んでいる。コスト面を考えても、海に面した水族館が多い日本では、自分たちで採集する方がどちらかといえば安価な収集方法といえるかもしれない。葛西臨海水族園の目の前には東京湾が広がっている。東京湾というと、汚い、生物が少ないなど、あまりよいイメージは持たれないかもしれない。しかし、近年は、下水道の普及などにより、流入河川の環境は大幅に改善している。それにより、東京湾の環境も良くなっている。葛西臨海水族園のちょうど目の前には、三枚洲と呼ぶ広大な干潟が広がっていて、その左側には三番瀬、さらに盤洲(ばんす)干潟が続き、豊かな海が広がっているのだ。この目の前の干潟では、定期的に地曳網調査を実施しているが、周年を通してハゼ科魚類は豊富に見られ、スズキやコノシロ、マコガレイなどの江戸前の魚は今でも健在だ。

　自家採集のメリットは、ただ単にお目当ての生物を採ることができるだけではない。思わぬ生物が採集されることがあり、それが新たな展示へと発展することもあるし、なにより生息環境や採集現場を見ることは、展示をつくるうえで大いに勉強になる。生息地のタイムリーな変化や情報を伝えることもできるので、解説などにも深みが増す。時折、何を食べているのかわからない、飼育方法や餌などが不明な生物などを採集したりすることがあるが、そのような場合は、採集地（生息地）にヒントがあったりするものだ。

潜水採集　～楽しいが危険と隣り合わせ～

　水族館の飼育担当者の仕事は、生物に給餌するだけでなく、展示を維持するために水槽掃除や展示変更などの作業が日々欠かせない重要な仕事となるが、昨今、水族館の大型化に伴って、個々の水槽も大型化しており、何をやるにしても、水槽の中に入って潜水作業をすることになる。

　採集もまた、スキューバ潜水や素潜りによる採集が増えている。このような理由で水族館の飼育担当者の多くは、潜水するためのスキルを身につけている。業務で潜水業務をするときに必要な資格「潜水士」を持っているのはもちろんだが、安全に関する知識や救急救命講習なども受講し、常に安全に配慮しながら潜水技術の維持向上に関する基礎的な訓練も定期的に行っている。

　東京都には伊豆諸島や小笠原諸島という島々があり、南の沖ノ鳥島まで広大な海が広がっている。葛西臨海水族園では、小笠原父島周辺での生物調査や採集を年間数回行っている。伊豆諸島や小笠原諸島の海には、沖縄県の南西諸島海域とは違った固有の生物も多く、東京都立の水族館としては、外すことはできない重要な展示海域である。父島周辺で生物採集をする場合は、おもにスキューバ潜水により行っている。関東近郊の海でも潜水採集は行っているが、葛西臨海水族園で行っている潜水採集の中では、数少ないサンゴ礁が発達する亜熱帯の海に潜れるチャンスでもあるため飼育系職員に人気がある。とはいっても、いざ潜って採集となると、サンゴ礁にすむ魚は複雑に入り組んだサ

ンゴや岩の隙間でくらしているため、簡単に採集することはできない。手網やフェンスネット（小さな刺し網）を用いて水中で仲間とコミュニケーションをとりながら魚を網へと追い込むのだが、そう簡単にはいかない。ダイバーそれぞれが全員の動きを見ながら歩調を合わせて追い込まなければならないため、特に若手職員にとっては鍛錬の場だ。このような採集に参加することは、魚の動きや生物の組み合わせ、本来の生息環境について観察し理解を深め、よりよい展示水槽をつくりあげるための学びの場ともなっている（写真3.4）。

東京都は、伊豆諸島や小笠原諸島などを含む広大な海域を管轄しており、さらに西部は秩父山地という広大な山脈の一部に含まれている。亜熱帯から温帯の海、そして山間部の河川上流部までの展示によって、東京都内の水生生物の展示が完成することになる。

葛西臨海水族園の展示には、屋外に「水辺の自然」エリアという淡水生物の展示エリアがあり、「池沼」「渓流」「流れ」という3つの展示がある。これらの展示には、東京都内に実際に生息している淡水生物を展示している。この展示を維持するために都内の河川でも採集を実施している。河川で採集する場合に注意しなければならないのは、強い流れが常にあることだ。海で採集しているときも、時間帯によって潮の流れは危険なため、注意が必要だが、河川の場合はそれを上回るほどの流れがある。川の上流では、空気タンクを背負って潜れる深さはないため、シュノーケルを使ったスキンダイビングによる採集が中心となる。川底の砂地や石の下などに隠れているカマツカやギバチ、ジュズカケハゼなどの魚類をおもに採集している。速い流れの中で、潜水技術を駆使して姿勢を制御しながら、魚の動きを把握しつつ採集しなければならないため、技術の差が顕著に現れる。海水と違い、川の水（淡水）は、陸に上がってもべとつかず、緑の中の気

写真3.4　小笠原父島での採集

Tide 3　水族館の調査・収集

写真 3.5　秋川での淡水生物採集

持ちのよい採集である。

　川は毎年、台風などの増水によって流れが大きく変化する。さらに、人による影響も常に受け続けている。去年、多く採集できたポイントであっても、一年で環境が変わってしまい、今年はまったく採れないということもある。近年では、外来生物が多く見られ、元々、関東地方には生息していなかったオヤニラミやムギツクなどの国内外来種が増加傾向にある。オオクチバスが各地の湖沼などで在来種に被害を出しているが、都内河川ではコクチバスという低温や流れに強い国外外来種が見られるようになった。年々変化する河川の生物相をみていると、東京の川の行く末を憂慮せずにはいられない（写真3.5）。

漁に同行して採集（刺し網、定置網、底引網、カゴ漁など）

　日本は漁業が盛んであり、定置網や底曳網、刺網など、様々な漁法で海や川、湖の恵を獲っている。国内のほとんど全ての水面は漁業協同組合（漁協）が漁場として管理している。海で採集潜水などによりする場合、都道府県の許可を得なければならないが、この許可を得るには漁協の同意が必要となる。採集に使う様々な網やカゴも、簡単に用意することはできないし、高価なものも多い。よって、漁業者（漁師）に同行していっしょに漁を行う（正確には採ってもらう）のが一番だ。実際にその漁法で操業している漁師に同行した方が、漁場をよく知っていて、希望の生物を上手に採ってくれる。深海生物採集の多くは、このような方法をとっているが、一般的に深海生物は、生息水深が深いだけでなく冷たい安定した環境でくらしているため、水圧の変化や温度変化に弱い。そのため、ベストシーズンは、冬〜初春までとなる。この季節は寒いうえによく海が荒れるので、採れる生物は面白い種類ばかりなのだが、辛い採集でもある。時折、漁師が

船上で作ってくれる漁獲物の入った味噌汁は、なんともいえぬ美味しさだ。ダンボのような深海のタコ（メンダコ）はおもに駿河湾の底曳網で採集されるが、体がとても柔らかいため、網の中で他の生物によって傷ついてしまうことが多く、採集が非常に難しい。漁師に網を引いてもらう水深や時間、場所などを細かく調整してもらいながら、丁寧に採集している（写真3.6）。

写真 3.6　底曳網漁に同行して採集

ある日の水族館シリーズ②　　コラム 5

「ある日の潜水訓練」

　水族館の職員は潜水をする機会がけっこう多い。その多くは掃除やレイアウト変更などの「水槽での潜水」なのだが、時折、生物採集のために「海での潜水」もやったりする。そのため、飼育職員全員を対象に年間、数回のプールと海洋での潜水訓練を実施している。ただ潜れるだけではなく、安全に潜水作業ができるようになるための訓練は、文字通り「訓練」であり、厳しいのである。そしてその訓練は若手、ベテランの区別なく行われる。体力の低下が著しい私のようなベテランにとっては、当然、若手以上につらい訓練なのである。

　ある日のプール訓練。若手職員は、文字通り「若さ」を武器にガンガンと遠慮なく、波しぶきを上げながら泳ぐ。疲れたといいながらも、若いだけに回復も早い。よせばいいのにベテランは負けん気が強く、その若者たちに果敢に挑み、息も絶え絶え、フラフラになったりするのである。それでも負けん気だけは人一倍のベテランは、一つでも若手に勝るものを探し、結果としてランチを二人前食べたりして、「すごいっすねー！」とかいわれてその溜飲を下げるのである。「潜水訓練」とは、そんな若手とベテランのプライドをかけた切磋琢磨の場なのである。
（増渕和彦）

Tide 3　水族館の調査・収集

写真 3.7　可搬型圧力水槽

釣り採集　～楽しい採集のはずだが～

　釣り採集は文字通り、釣りによる採集である。網による採集に比べれば、魚体の表面（口以外）を傷つけないで採集できるし、種によっては、効率的に採集できる方法でもある。また、水族館職員には、なぜか釣り好きが多いので、計画すると希望者が多い人気の採集だ。だれでもよいというわけではないが、傭船（ようせん）してたくさん採集したい場合は、竿数は多い方が有利だ。ただし、水深200～300mの深海魚を釣るようなときは、仕掛けを深くまで下ろす必要があるため、釣りに不慣れな者だと、あっという間に隣の人とおまつり（釣り糸がからんでしまうこと）になってしまう。したがって、釣り方や対象魚によってベテランを配置したり、初心者に参加してもらったりとチーム編成を変える必要がある。時には、港の防波堤で一般の釣り人に混ざって釣りをするときもある。葛西臨海水族園では、江戸前のハゼ釣りからはじまって、キス、ベラ、タチウオ、深海魚釣りなどを年間数回行っている。

　深海魚を釣るときには、水圧の影響を少なくするために、できるだけ浅い水深で釣るようにしている。例えばタチウオは、夜間に浅い水深まで上昇して餌を食べるため、夜釣りをする。釣れた魚はすぐに水族園まで輸送しなければならないため、夜釣りの場合、搬入作業は真夜中となってしまう。

　鰾（浮袋）のある魚は、深い水深から引き上げてくると、気体の膨張により鰾が膨れてしまい、他の臓器を圧迫してしまうため、注射器を用いて速やかに気体を抜いてやらねばならない。魚種によって鰾の位置は微妙に違うため、魚種ごとの的確な位置を覚えている必要がある。鰾を持たない魚であっても、水深数百メートルの深さから魚をあげてくると、水圧の変化で血液中に溶け込んでいる気体が気泡となり、臓器の末端組織な

写真 3.8 楽しい？釣り採集

どに詰まって壊死を起こしてしまういわゆる減圧症（潜水病）にかかってしまうことがある。多くの場合、回復させることは非常に難しいのだが、独自に開発した圧力をかけることができる水槽（圧力水槽）を船内に持ち込み、釣り上げた魚をすみやかにこの水槽に入れて圧力をかけ、症状を緩和させる試みなども行っている。この試みによって、今まで生かすことができなかった一部の魚は展示が可能となった（写真3.7）。

釣りは本来、楽しい趣味なのだが、生物採集「仕事」となると遊んではいられず、皆、真剣に取り組んでいる。海が荒れていても船酔いしていても、釣果ゼロで帰るわけにはいかないのだ。最初は楽しそうにしていても、絶対に釣らないといけないというプレッシャーがあり、変な緊張感が漂い、いつしか笑みはなくなる。「趣味と実益を兼ねて」とよくいわれるが、あまり兼ねない方がよいとつくづく思う（写真3.8）。

3.2　海外での採集

案内役の勤務する葛西臨海水族園では、「世界の海」という「7つの海」をテーマとする展示エリアがあり、この展示を維持するために、海外の様々な場所で採集を行っている。太平洋も大西洋も、海峡などでつながっていて一見すると「海はひとつ」と思われるのだが、水深数200m程度までの浅い海は、大陸や島の周辺に限られ、ほとんどの場所は水深数千mの深い海が続く。浅い海に生息する海洋生物はこのような深い海を容易に移動することはできない。さらに海流の影響などで水温変化も地域により大きく、見えない障壁が海の中には存在している。そのため、地域ごとに固有の生物が進化・適応しており、その海域独特の生物が繁栄している。

Tide 3　水族館の調査・収集

写真 3.9　海外での許可申請風景

　海外産生物の中には、流通していて購入できる種もあるが、現地に行き採集しないと手に入らない種も多い。北は北極海、南は南極海まで行って独自に採集しているが、それぞれの地域や国ごとに、特有のおもしろさ、難しさがある。

(1) 海外で採集するには　～許可をとる～

　海外における採集で常に問題となるのは、採集や蓄養、輸送はもちろんのこと、その国の許可を得ることである。日本ほど漁業が盛んに行われている国はそれほど多くはないものの、各国の政府が海洋資源や環境を厳しく管理している。そのため、国ごとに定められた機関から許可を得なければならない。どのような方法で何種何個体採集するのかを、正確に申請する。近年では、私たちのような外国の一水族館が展示や教育目的だけで許可を得ることは非常に難しくなっている。多くの国では、採集後に、飼育状況や研究成果の報告が義務付けられている。概して、申請から許可を得られるまでに半年から1年以上要するため、日本からやり取りしていると、さらに時間を要してしまう。通常は現地の協力者と綿密な打合せを行いながら、申請事務をすすめていく。展示を維持するためには、生物を数年に一度の割合で補充しなければならず、定期的に採集を実施する必要があり、実施のたびに許可を得なければならない（写真 3.9）。

(2) 年々厳しくなる規制　～ ABS 問題～

　2010 年に名古屋で開催された第 10 回生物多様性条約締約国会議（COP10）では、いわゆる名古屋議定書が採択された。これには、遺伝資源の取得の機会及びその利用から生ずる利益の公正かつ衡平な配分（Access and benefit-Sharing:ABS）に関して定

められている。さらには、遺伝資源を勝手に国外へ持ち出すと、その法律や規則で取り締まることが謳(うた)われている。遺伝資源の中には、ペット、つまり観賞魚をはじめとした水族館で展示している生物なども含まれている。海外で採集する場合、ABS 関連法にのっとると、資源提供国の国内法に基づいた事前の同意：PIC（事前の採集・調査の許可）を得ることと、現地の共同研究機関（資源管理者）との間で同意を得た上で MAT（利益配分を含めた相互に同意する条件の契約）を締結しなければならない。その上で、採集を実施することになる。そのような手続をすすめるには、一から共同研究機関（資源管理者）を見つけなければならない。日本は 2011 年に名古屋議定書に署名し 2017 年 8 月に締約国となり国内措置が開始された。現在、環境省や文部科学省が中心となって大学や研究者向けの説明会などを盛んに行っている。私たちも情報収集を行いながら、今後の動きを注視して行く必要がある。今のところ、この ABS 関連法が水族館の展示生物には適用されていないが、今後、海外から生物を入手する場合は、以前にも増して慎重にすすめなければならない。

(3) 様々な海外採集

南極での採集

　葛西臨海水族園では、極地の海というコーナーがあり、北極海と南極海の生物を展示している。多くの水族館では、極地の生物といえばペンギンやホッキョクグマ、アザラシなどであるが、当園では、ペンギンはもちろん展示しているが、魚類や甲殻類などの極地の生態系の底辺を支える動物についても独自に採集し展示している。低温に適応したこれらの生物は、私たちが知る暖かい海の生物とはかけ離れた姿をしていて興味深い。

写真 3.10　グリプトノータス、アンタークティクス

Tide 3　水族館の調査・収集

写真 3.11　エスクデロ基地

　魚類では南半球、特に南極を中心にノトセニア科の魚類が繁栄している。このグループは、低温に適応するために血液中に特殊な糖タンパクを持ち、氷点降下を起こして−1℃になっても、凍ってしまうことなく生きていけるのである。日本では一時期、ダイオウグソクムシが一躍人気となったが、南極にも似た種（等脚類）が生息しており、個性的な姿をしていて個人的にも大好きな種だ（写真 3.10）。

　南極に限らず、海外で採集を行う場合、採集地として適しているか、いくつかの条件がある。具体的には生物（人も含めて）や機材を輸送するための手段があることや私たちが滞在できる宿泊施設が近くにあること、生物を一時蓄用することができることなどが条件となる。さらには、現地の協力者がいることも大事な条件である。スキューバ潜水で採集する場合は、タンクに空気を充填しなければならないので、近くにダイビングショップなどがない場合は、エアーコンプレッサーを輸送しなければならない。葛西臨海水族園では、国立極地研究所の協力を得て、南極半島のキングジョージ島にあるチリ共和国のエスクデロ基地に滞在して採集を行っている（写真 3.11）。エスクデロ基地には研究者のための宿泊施設があり、チリ空軍基地が隣接しているため、近くには滑走路がある。空軍の輸送機によって3時間ほどで南アメリカ大陸へ生物を輸送することができる。時には民間の航空会社が観光客を連れてやってくることもあり、もっとも人の多い南極地域といえる。チリ海軍の輸送船も定期的に出ているので、重機材の輸送も問題なくできる。

　エスクデロ基地のあるキングジョージ島へは輸送船や飛行機を使って行くことができる。2016年の採集では、チリ海軍の輸送船「アキレス号」に乗船し一週間かけて南極に渡った。南米大陸と南極大陸間には、ドレーク海峡という世界でも有名な荒れ狂う海

写真 3.12 C130 輸送機

があり、ここを通過しなければならない。筆者は船にそれほど強くないので、ドレーク海峡を通過中のことはほとんど記憶にないし、思い出したくもない体験であった。一週間かけて南極に渡り、なんとか島に上陸できたのだが、荒れた海で輸送船から縄梯子でゴムボート（ゾディアック）に乗り移るのにも大変苦労した。

　南極の夏は短く、様々な国の研究者や物資の輸送などで、基地は混み合い大忙しだ。私たちも一年以上前から滞在をお願いしているが、水族館の輸送物資などは、後回しにされないとも限らず、いつもヒヤヒヤである。そして、天候もコロコロとよく変わる。朝、晴れていても午後には吹雪になることも普通にある。飛行機の発着時間もあてにはならない。2016 年の南極採集では、生物を輸送するために、朝 4 時から準備していたにも関わらず、飛行機が飛び立ったのは、午後の 7 時過ぎだった。その日に飛び立つことができただけでも幸運だったのかもしれない（写真 3.12）。

　南極での採集は、主にスキューバ潜水によって行う（写真 3.13）。水温は、1℃前後で低いところでは－1℃ということもある。ドライスーツを着用するので体には水が入ってこないが、頭や手などは、低温の海水の影響を受けることになる。この低水温を事前に体験しておかないと、あまりの冷たさで、人によってはパニックに陥ることもある。そこで、私たちは北海道の知床半島で耐寒訓練を実施している。文章ではなかなか伝えることができないが、カキ氷を一気に食べると、一時的に頭が痛くなるが、それを体全体で体験しているようなもので、言葉に表せないくらい冷たく痛いのである。この痛みをじっと耐えていると、徐々に体が慣れて動けるようになる。水中で活動できる時間はおよそ 20 ～ 30 分程度で、その間に採集しなければならない。あまり長時間水中で活動していると、低体温で体が動かなくなるばかりか、思考力も落ちてきて危険だ。

Tide 3　水族館の調査・収集

写真 3.13　南極潜水

　極地では磁極に近いためにコンパスは役にたたない。よって、潜水時はナチュラルナビゲーション（水中の地形を記憶しながら潜水する）によるものとなってしまうが、透明度はよいとはいえず、あっという間に方向感覚を失ってしまう場合も多いため、帰り道がわかるようにロープを付けて潜るなどの工夫をしている。

　海に入ると、水深5mくらいまでは、生物の少ないゴロタ石の環境がしばらく続く。これは流氷によって浅い部分が常に削られてしまうためである。さらに進んで行くと、水深10～15m付近からちぎれた海藻が留まったパッチ状の「藻だまり」がいくつも現れる。この中にノトセニア科魚類や無脊椎動物が隠れている。夢中で採集していると、時折、ペンギンが興味深げに周囲を泳ぎまわることもある。採集した生物は日本から持ち込んだクーラーボックスを水槽代わりに海水を溜めて収容する。そして、毎日、水換えを行うのだ。生物を発送するまでの間、毎朝、せっせとバケツリレーをする生活となる。

ダーウイン（オーストラリア）での採集

　オーストラリア大陸には、コアラやカンガルーといった固有種が陸上動物に多いのは有名だが、海の中も個性的な生物が多い。ナーサリーフィッシュ（コモリウオ　写真3.14）は、おそらく世界でも葛西臨海水族園でしか展示していない特殊な魚類で、成熟したオスの額には突起が発達し、メスが産んだ卵の塊をこれに付けて持ち運び、ふ化するまで保護するという特殊な繁殖生態が知られている。オーストラリア北部（ノーザンテリトリー州）からニューギニアにかけては一種類、インドネシアから中国にかけて一種類の合計2種類が分布している。マングローブが発達する河の河口に生息しているのだが、そこは、イリエワニの生息地でもあり、非常に危険な場所である（写真3.15）。

写真 3.14　ナーサリーフィッシュ

写真 3.15　ナーサリーフィッシュ採集

観光クルーズ船が人気で、野生のイリエワニに餌を与えてジャンプしながら捕食する様子を見物するツアーがあり、私たちが採集しているときも、周囲ではたくさんの観光客を乗せた船が頻繁に往来している。イリエワニを見ていると、船を怖がることもなく、逆に近づいて行く様子も見てとれる。毎年、現地ではワニの犠牲者が出ているそうだ。川に刺網を仕掛け、2隻の小型ボートで採集するのだが、刺網にワニがかかると網が切れてしまうし、なにより危険だ。いつも周囲に気を配りながらの採集となる。流れてくる流木がイリエワニにとてもよく似ていて、緊張の連続である（写真 3.16）。そして、

Tide 3　水族館の調査・収集

写真 3.16　イリエワニ

写真 3.17　ナーサリーフィッシュのグリル（右側の魚）

　さらに私たちを悩ませるのは、サンドフライという 1mm ほどの小さな虫だ。刺されると、最初は痛みがあるが、後から猛烈な痒みが襲い、しかも長く続き眠れなくなるほどだ。風が止んだときには要注意で、知らない間に刺されていることが多い。

　採集したナーサリーフィッシュは丁寧に持ち帰り、現地の養殖場の一部を間借りして水槽に収容し、網でできた傷の手当を行う。残念ながら、傷が原因で死んでしまうこともあるが、この魚は、地元の漁師の間では、美味しい魚としても知られているので、私たちも食べてみたことがある。白身でくせがなく、とても上品な美味しい魚であった。水族館で仕事をしていると、来館者から展示している魚が食べられるのか、美味しいの

かをよく聞かれる。「食べてみる」ということも水族館職員の大事な仕事なのだ（写真3.17）。

チリ沿岸での採集

　チリ共和国は南アメリカ大陸の南部の西側に位置する南北に細長い国で、長さは南北4000kmにもおよぶ。北部は乾燥した気候で、南部は、森林が広がるどこか懐かしい日本の里山に似た風景が広がっている（写真3.18）。大陸に沿って流れるフンボルト海流（寒流）のおかげで、沿岸の水温は常に13℃前後と低い。この栄養のある寒流の影響で、海洋生物は豊富だ。漁業も盛んに行われていて、サーモンやチリアワビの養殖やセントージャと呼ばれるチリイバラガニも漁獲されて缶詰などに加工されている。日本の沿岸に普通に見られるフジツボの仲間は、日本ではわずか数センチであるが、チリのフジツボ（ピコロコ）は、握りこぶしほどの大きさで、世界最大級だ。チリでは日本と同じく海産物がよく食べられていて、メルルーサやコングリオは白身でくせがなく脂がのっていてとても美味しい魚だ。さらにはホヤも食用にされていて、スープなどに入っている。もちろんピコロコも食用となっており、市場で殻ごと山積みで売られている（写真3.19）。このフジツボという生物は、固着した動かない生活をしているため、一見すると貝にも似ているが、エビやカニと同じ甲殻類の仲間である。食べると、エビとカニの中間的な味がして非常に美味しい。

　さて、このピコロコの集め方は、現地の漁師に採ってもらっている。市場で売っているものでも生きているのだが、食用として扱っているため、殻に致命的な傷がついていたり、時間がたって弱っていたりと、食べるにはよいが飼育には適していない。さらに、

写真 3.18　乾燥した台地が広がるチリ沿岸

Tide 3　水族館の調査・収集

写真 3.19　市場で売られているピコロコ

写真 3.20　カニダマシの仲間

　より大きなピコロコの採集場所は秘密にされていて、漁師しか知らないため、私たちが潜水しても大きなピコロコを見つけることは簡単ではない。そのため、腕のよい漁師を紹介してもらい、特別丁寧に採ってもらっている。それをいったん、現地で水槽に収容して状態を確認し、殻についた汚れなどをきれいに取り去った後に、特別な梱包（企業秘密！）をして日本へ発送している。

　チリではピコロコを収集する以外にもスキューバ潜水で魚類や無脊椎動物を採集している。カニダマシという甲殻類の仲間は、日本の磯でも石の下などに普通に見られる甲長 1cm ほどの小さな生物だが、チリの沿岸に生息している種は、8cm ほどの大きさに

なり、しかも隠れることはせず大きな群れをつくる。ちょうど口の部分にある顎脚を使って水中に漂うプランクトンや有機物などを捕食しているのだが、大きな群れが岩の上で顎脚を振る姿は、見ていて壮観だ（写真 3.20）。

　ピコロコ以外の生物採集は、現地の大学に全面的に協力してもらい、生物の蓄養場所や空気タンクの確保、船のチャーター、プロダイバーによる安全面でのサポートなどをお願いしている。このように海外における採集では、現地での協力が得られるか否かで、計画の成功が大きく左右される。

3.3　生物を輸送する

(1) 大型魚（クロマグロ）の輸送

　葛西臨海水族園がオープンした当時（1989 年）は、クロマグロの養殖研究は、まだ始まったばかりで、養殖のトレンドといえば、マダイ、ブリなどが中心であった。クロマグロを展示するために、葛西臨海水族園の前身である上野動物園水族館であった時代に、様々な飼育、輸送試験を行い、鹿児島県南さつま市でその年に生まれた小さなクロマグロ（ヨコワ）を採集して奄美大島へ輸送し、一年間畜養して全長約 80cm、体重約 7kg に成長した個体を活魚船で三浦半島の三崎港まで輸送し、三崎港から園までは活魚トラックで輸送するという、壮大なクロマグロ収集システムをつくり上げた（写真 3.21）。このようなスケールで収集ルートを構築した当時の方々の苦労が偲ばれる。こ

写真 3.21　クロマグロ搬入作業。活魚船から活魚車へマグロを積み込む

Tide 3 水族館の調査・収集

写真 3.22 マグロタンカを使って、トラックから降ろす

写真 3.23 クロマグロ搬入作業。クロマグロを水槽へ放流する

のシステムの確立により、クロマグロの群れ展示が可能となったのである。毎年、夏から秋にかけて、クロマグロを集めるために、交代で鹿児島に長期滞在するのが恒例となっていて、当時は東京から鹿児島や奄美大島へ頻繁に出張していた。

　現在はどうしているかというと、まだまだ課題は残るものの、クロマグロの養殖は様々な研究機関の努力によって確立しつつあり、盛んに行われるようになってきている。小さなクロマグロを採集して養殖するスタイルは変わらず行われているものの、親クロマグロに産卵させて得た卵から稚魚（種苗）を育成する技術も確立しつつある。今や多くの水産会社がクロマグロの養殖を行っており、私たちが希望する数や大きさのクロマグ

ロを購入できるようになった。現在は高知県や長崎県などにある水産会社からクロマグロを購入し、前に述べたのと同様の方法によって、葛西臨海水族園まで運んでいる。クロマグロの体表はとても弱く、しかも泳ぐことを止めてしまうと呼吸ができない。人の手で触ってしまうと、小さな鱗は簡単に剥がれ落ちてしまい、火傷のような状態になってしまう。そこで、輸送する場合は、泳ぎ続けられるようなスペースを確保することや、できるだけ人が触らないですむような工夫をしている。専用のタンカを使って水ごとすくい取り、2人かかりで丁寧に運搬している（写真 3.22）。タンカで運んでいる間は、泳ぐことはできないため、マグロは呼吸することはできない。よって、できるだけ早く水槽に放流しなければならない（写真 3.23）。活魚トラックで葛西臨海水族園の搬入専用駐車場まで輸送し、トラックから 2 階の大水槽の上部まで、約 100m の動線があるが、ここをバケツリレーのごとく二人一組となって人の手で運んでいる。原始的な方法なのだが、平成元年（1989 年）の開園当時はマグロのような性質の大型魚を輸送するノウハウがなかったため、水族館建設に際して搬入のための具体的な対策を盛り込むことができずに、このような人海戦術に至ったのだろう。葛西臨海水族園のオープン後、日本では水族館ブームが興り、国内には大型水族館が次々とオープンした。新しい大型水族館ができるたびに、大型生物の輸送や搬入のための技術が改良、改善された形でしっかりと導入されている。

(2) 海外から生物を輸送する

外国で採集した生物を日本へ輸送するときに大きな問題となるのは、輸送時間が長時間におよぶことだ。水（海水）と酸素を輸送専用のビニール袋に入れて密封し、それら

写真 3.24 ビニールに入れた生物をクーラーボックスに詰めて行く

をさらにクーラーボックスなどの保温機能のある箱に入れ、温度や水質が大きく変化しないように注意して輸送する（写真3.24）。できる限り短時間で日本まで輸送するために航空機を使うのが一般的で、輸送時間を計算し、生物の大きさや種類により水量や酸素の量を決める。少ない水の中に長時間おかれていると、生物が出す排出物によって水質は悪化していく。水質が悪化しすぎると、場合によっては生物が死んでしまうこともあるため、輸送時間に合わせて厳密に水量を割り出さねばならない。より大型の生物になったとしても、容器は大きくなるがスタイルは同じだ。いっぽうで水量が多くなればなるほど重くなり輸送コストが上がってしまうし、海外の場合は、重すぎると飛行機に積んでもらえず積み残しの危険性が増してくるので、できる限り軽くコンパクトにする必要がある。輸送が長時間におよび、どうしても水質が悪化してしまう場合、中継地で水換えを行うなどの対応をしている。

　一般的に水生生物は温度変化に敏感なため、冷たい海域の生物は冷たく、暖かい海域の生物は暖かく一定に保ち変化させないことはとても重要で、氷や使い捨てカイロなどを使って温度変化がないようにしている。輸送ルートにも様々な注意が必要で、飛行機を乗り継ぐ場合は、中継地の気温、到着する東京の気温、水槽の飼育水温などを考慮しておく必要がある。特に、南半球で採集している場合は、日本の季節は逆であることも考慮しておかなければならない。また海はつながっていても、塩分濃度は一緒ではない。大陸に囲まれているか、流入河川が近くにあるか、蒸発量や氷の存在など、いろいろな要因に左右される。たとえば紅海は、大陸に囲まれているが流入河川は少なく周囲は乾燥した砂漠地帯であり蒸発量は多いため塩分濃度は高い。逆に北アメリカ沿岸は流入河川が多く、蒸発量は少ないため、塩分濃度は低い。受け入れる水槽の塩分濃度を、現地の情報を元に調整し受け入れの準備をしている。

　南極からの生物輸送は、航空機を使っても、100時間程度かかってしまうため、途中、灼熱のチリ共和国の首都サンチャゴで換水を行うのだが、水温の上昇を防ぐために冷蔵倉庫の中で行っている。水を1℃前後に維持するために、クーラーボックス内を氷詰めの状態で輸送し、溶けてなくなった分を補充している（表3.1）。オーストラリアのナーサリーフィッシュは非常にデリケートな魚であるため、専用のビニール袋をつくり、輸送に使用している。この袋の特徴は、輸送用のクーラーボックスにぴったりに納まるような寸法にして、酸素の部屋を内部につくり、輸送中の揺れが最小限になるような工夫をしている。

　生物の長距離輸送は、思ったとおりにいかないことが多く、特に海外の場合は、日本国内のように時間通りにはいかないばかりか、予期せぬ事態に見舞われることも多い。そのため、ある程度余裕を持って計画をたてることや、緊急事態に対応できるように準備しておくことなども重要だ。機材の改良や輸送試験を何度も繰り返し、時には失敗もしながら苦労の連続で得た技術でもある。

表 3.1 キングジョージ島からの生物の輸送結果
表 3.1 キングジョージ島からの生物輸送工程と輸送結果（パック開始～搬入開始まで100時間15分）

日付	現地時間	作業内容	作業時間 (時間：分)	累計時間 (時間：分)	水温 (℃)	備考
2月17日	4：45	パック開始		00：00	0.3	氷各約5kg
			02：15			
	7：00	パック終了		02：15		
			12：25			
	19：25	エスクデロ基地発		14：40		
			02：45			
	22：10	プンタアレナス空港着		17：25		
			08：05			
2月18日	6：15	プンタアレナス空港発		25：30		
			03：20			
	9：35	サンチャゴ空港着		28：50		
			02：15			
	11：50	換水作業開始		31：05	1.2	斃死なし　5.7℃で1/4換水 氷各約1kg追加
			00：55			
	12：45	換水作業終了		32：00		
			32：25			
2月19日	21：10	サンチャゴ空港発		64：25		
			10：30			
2月20日	5：40	トロント空港着		74：55		
			08：05			
	13：45	トロント空港発		83：00		
			13：20			
2月21日	17：05	羽田空港着		96：20		
			03：25			
	20：30	通関終了		99：45		
			00：30			水族園トラックで輸送
	21：00	水族園着・搬入作業開始		100：15	2.3	死着無し
			01：30			
	22：30	搬入作業終了		101：45		

3.4　研究

(1) 研究する　～水槽で～

　スキューバ潜水の普及によって、水中観察の行動範囲が飛躍的に拡大し、これまで知られていなかった生物の行動など、多くの研究がなされ解明されてきた。しかし、スキューバ潜水には、専門の訓練が必要であり危険も伴うし、天候にも影響を受ける。いっぽうで、重い機材を背負って海に潜ることなく、また時間に制約されることなく、気軽に自然に近い環境で生きた水生生物の観察をすることができるのは、水族館の大きなメリットである。もちろん、完全に自然と同じというわけではないので、あくまでも水槽内という人工的な環境下での観察事例となる。とはいえ、実際にフィールドで観察を行う事前準備や裏づけに使えるのではないかと思う。しかし、飼育担当者は日々忙しく、

Tide 3　水族館の調査・収集

写真 3.25　クロマグロの産卵

あまり長時間、水槽観察を続けることはできない。筆者の先輩職員からの受け売りであるが、10分程度の観察を繰り返すことによってデータを蓄積していくなど、時間の使い方の工夫でなんとかなる。動物の行動を研究している研究者の方々には是非、水族館を利用してもらいたい。また逆に、光や水温などを自由にコントロールできるのも水族館のメリットである。葛西臨海水族園では、水温や光をコントロールすることにより、陸上の水槽としては世界で初めてクロマグロの産卵に成功した（写真3.25）。また、魚の産卵時間をコントロールすることにより、技術的な不安定さはまだあるものの、観覧者の前で産卵行動を起こさせることも可能となった。水族館でなければ、普通の人が魚類の産卵の瞬間を目撃することなどは考えられなかったことだ。水族館の研究、教育目的の利用価値は計り知れないものがあるといえる。

　また、水族館では、日本周辺海域の生物のみならず、深海や海外の生物も展示しているため、水生生物の研究者にとっては、生息地へ行かずして生きている実物を目にすることができるのもメリットのひとつである。また、水深200m以下のいわゆる深海に生息する生物は、採集が難しいだけでなく、飼育も困難な種が多い。昨今の飼育技術の発達は目覚しく、ミツクリザメ、ラブカといった深海性サメ類やユノハナガニといった海底熱水鉱床に生息する生物群、メンダコをはじめとした深海性の無脊椎動物など、多くの水族館で飼育・採集技術開発のためのチャレンジが続いている。この取り組み自体が研究といっても過言でないだろう。

　水族館で斃死した展示生物は、標本として館内で保管され、教育普及活動や研究資料として役立てられる他に、主に国内の研究者の依頼によって、標本を他の研究機関へ分譲する場合も多い。

ある日の水族館シリーズ③ コラム6

「ある日の海鳥フィールド調査」

　葛西臨海水族園で飼育しているウミガラス。「この海鳥は日本でも繁殖し、見ることができます」。私は、よくこのフレーズを使う。しかし、言葉でいうほど自然は甘いものではない。これを思い知ったのが「海鳥フィールド調査」である。

　調査地は北海道にある天売島という離島である。ここは、ウミガラスを含む8種約100万羽の海鳥が繁殖のためにやってくる、人と海鳥が共生する世界でも珍しい島である。しかし、ウミガラスでは近年その数が激減し保護活動が進められている。私は、これまで3回天売島に行っているが、毎回頭を悩ませるのが「天候」である。天売島周辺は風が強く、天売島へ行く唯一の渡航手段であるフェリーの欠航も珍しくない。さらには、島内にある海鳥繁殖地は陸路からアクセスできない場所がある。そのため、小型ボートで海からアクセスするが、風速や風向きによっては繁殖地に行くことを断念するときがある。そして、じつは私が野生のウミガラスを見たのはたった1回だけである。しかも、わずか数分。ただ、その1回は繁殖地から飛び立つ姿を目撃し、それを見たときの喜びは今でも忘れられない。

　フィールドでは、思いがけないことが多々起きる。しかし、これが自然であり、その場所でしか得られない高揚感がある。この経験をしたことで、これまでと同じ解説をしても臨場感ある伝え方ができると考えている。（野島大貴）

(2) 研究する　〜フィールドで〜

　水族館の研究対象は館内に限ったものではない。冒頭で水族館の展示を維持するためには、野外から多くの野生生物を集めなければならないと述べたが、採集などで頻繁に生息地を見る機会のある水族館職員は、生息地の環境の変化や生物の生息数の変化も敏感に感じ取ることができる。

　葛西臨海水族園では、2012年から小笠原周辺海域において、ユウゼンの生態調査を行っている（写真3.26）。ユウゼンは、小笠原諸島や南大東島、伊豆諸島が主な分布で、日本固有のチョウチョウウオである（写真3.27）。他のチョウチョウウオ科魚類とは違う渋い色合いが特徴的で、観賞魚としても人気があり高値で取引されている。チョウチョウウオの繁殖生態は、集団で産卵する種やペアで行う種など様々で、ユウゼンについては明らかではない。また、生息数や繁殖生態などの詳細な情報は調べられていないため、もし、乱獲などで減少した場合、気がついたときには手遅れということにもなりかねない。そこで、地元のダイビングショップや小笠原漁協などの協力を得て、兄島の一部を調査地として設定し継続的に調査を実施している（図3.1）。

　調査海域周辺を実際に調べてみると、私たちが最初に仮説として考えていた大型サンゴへの依存はみられないことや、多くの時間をペアで活動することなどがわかってきた。水族館は、野外から採集するだけでなく、展示生物の生態を水槽と野外の両面から調査

Tide 3 水族館の調査・収集

研究することにより、これまでわからなかった生物の生態を明らかにすることで、種の保全に貢献することができる。

写真 3.26 ユウゼン調査

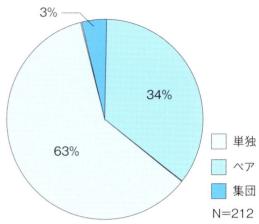

図 3.1 ユウゼンの集合型の割合

写真 3.27 ユウゼン

Tide 3「水族館の調査・収集」のツアーを終えて

ひらまさ　いやあ、はじめて知ることばかりで新鮮な驚きでした。
あゆ　ホントそう！さっきは妄想ばかりしちゃったけど、これはなんだかすごいドキュメンタリーだった。現実の世界も夢があるね〜。水族館の生きものを運ぶって大作戦かも！地味でスゴーい。

さより	水族館の生きものを見る目が変わりそう。「あなた、よく来てくれたわねえ」って。
あゆ	このまえイシモチと水族館に行ったときには気がつかなかったな。
ひらまさ	あの、あゆさん。イシモチさんってだれですか？
あゆ	彼、だよ。最近グチが多いけど。
ひらまさ	あゆさんは彼氏がいるんですね。
あゆ	いるよ。ひとりだけどね。
ひらまさ	ふ、二人も三人もいたら困ります。ぼくは行き詰まったときにすがるような思いでひとりで水族館を訪れていました。自己救済のための水族館利用です。明確な目的を持った大人の水族館利用の一形態です。水族館って動物園と違ってひとりで静かに見ていても違和感がないんです。暗い顔して水槽見ていても怪しまれません。でも、元気なときに行けば思ってもみなかったような仕事のヒントが見つかるかもしれないとふと閃きました。メモしておこう。
ふく	水族館がピンチのときのひらまささんを救済していたとは。それはそうとして、たしかに大人が水族館を利用しないのはもったいないですね。バイオミメティクス（生物模倣）分野の技術開発の隆盛をみるまでもなく、生きものから発想を得る取り組みは今後も伸びしろが大きいだろうと思います。
あゆ	競泳の水着とか洗濯機のフィンとか生物の仕組みを応用してるんだよね。
ふく	そうですね。あと、ここでは詳しくふれませんでしたが、水族館間での生きものの交換が行われています。複数の園館で繁殖個体の交換をして水族館の飼育個体群を維持するような取り組みも広がりつつあります。
ひらまさ	動物園で行われているブリーディングローン（繁殖目的の動物交換）と同じようなものですね。
ふく	よくご存知ですね。
ひらまさ	いや、ちらっと『大人のための動物園ガイド』で予習したので。
さより	調査や採集の係ってちょっと特殊みたいだけど、水族館って、飼育員さんや売店・レストランのスタッフさん以外にもいろんな職の人がいるのね。最近は女性の飼育員さんも多くなったわね。昔の水族館や動物園のスタッフといえば、いい方は悪いかもしれないけれど「飼育のおじさん」だったわね、イメージとして。
ふく	たしかに昔は「飼育のおじさん」のイメージでした。現在の水族館が男女問わず多くの職種の職員によって運営されていることを知っていただけたならうれしいですね。他にも施設の維持・管理で電気職や機械職、緑地や植栽のある水族館では造園職がいることもあります。生きものを運ぶことはいってみれば水族館の裏方仕事のひとつなので、表に出して詳しくお話しすること

は多くありません。輸送の技術的なノウハウは各水族館のシークレットだったりすることもありましたし。

ひらまさ あ！企業秘密ですね。水族館の秘密を知ってしまった。（小声で）

ふく そんなにヒソヒソする秘密ではないです。あっ、でも秘密といっているようなところもありましたね。自家採集はほとんどなくて、専門業者さんなどから購入するという水族館もかなりあると思います。

あゆ ひらまささんって、やっぱりSEっぽい。プログラミングとかも企業秘密だらけ？

ひらまさ はい、本物のSE、システムエンジニアですから。会社にも秘密はあります。ぼくは特に金融機関とかも担当しているので。ただし、プログラミングはプログラマーという別の専門職が行っています。

さより はいはい。エッシーとかスッチーとか英語はよく分からないので。（笑）

ひらまさ エッシーではなくエスイー（SE）です。スッチーは正確にはCA、キャビンアテンダントのことですね。非常に残念ながら弊社には在籍していませんが。

一同 残念なんだ（苦笑）

Tide 4

水族館の飼育展示・保全

ふく つぎは水族館の生きものの飼育と繁殖についてのお話です。水族館の本というと、やはりこのような内容が中心になることが多いですね。なので、思い切って飼育の技術的な話は省略しようかとも思いましたが、まったくふれないのもどうかと。ここはあっさり、さっぱりといきたいと思います。

ひらまさ あ、いや、そうかもしれませんが、やはり飼育の話は聞きたいです。飼育してこその水族館ではありませんか。

あゆ どっちでもいいけど、楽しいのがいいな。

さより ちゃんと健康に飼えないと水族館で元気な魚を見ることはできないわけだし、飼育はやはり重要ね。水族館の特別な技術がギュッとつまってそうでおもしろいお話もありそう。魚も病気になることだってあるんでしょ。魚のお医者さんとかいるのかしら？

あゆ 魚のお医者さん？ドクターフィッシュって聞いたことあるけどあれは違うか。魚のお医者さんは獣医さんとは違うのかな？あっ、魚の看護師さんとかもいたりして。

さかなを飼う・見せる・増やす

案内役：中村浩司・錦織一臣（葛西臨海水族園）

4.1 水族館の飼育展示

　水族館の生きものを飼育するには多くの場合、水が必要である。その水はただ清浄であればいいというわけにはいかない。塩分濃度の違いによって、海水、汽水、淡水の別がある。魚など肺呼吸ではなく鰓呼吸をする動物では飼育環境水中に適度に溶存している酸素が必要である。水槽内で海草や海藻を育てようとするなら二酸化炭素も溶存している必要がある。水のpH、すなわち酸性・アルカリ性の変化にとても敏感な動物もいる。排泄にも水がないとスムーズにいかない動物もいる。水族館の飼育の話をするときには、水がどうなっているか、どうしているかという「水の話」からはじめなければならない。動物園で飼育の話をするときに放飼場の空気の組成から話をはじめるようなことはあまりないだろうから、これも水族館の特徴のひとつといえる。

Tide 4　水族館の飼育展示・保全

（1）水槽設備

　水族館の展示水槽には展示生物と水が入っている。水はいつもだいたい清浄な状態に保たれている。水槽内の動物は糞をするし、給餌でも水は汚れる。きれいな水を保つにはいくつかの仕組みが必要である。飼育に使う水には塩分を含んだ海水と塩分をほとんど含まない淡水とに分けられる。ここでは海水を使っている水槽を例にとって見てみよう。

　水槽内の海水を飼育展示が可能な状態に維持するには、大きく分けると2つの方式がある。かけ流し方式と濾過循環方式である。

　かけ流し方式は、水族館の近くの海から天然海水を直接取水して、海水中の余分な懸濁物などを除去する簡易的な濾過処理をしたうえで飼育展示水槽に注入する。水槽によっては紫外線照射など殺菌処理や水温を調整してから注水することもある。かけ流し方式を採用する、ある程度の規模以上の水族館では専用の取水設備（取水管・取水ポンプ・貯水槽等）を持っている。飼育動物の糞尿や残餌などで汚れた海水はある程度の浄化処理をしたうえで再び海へ排水する。通常は常に新鮮な海水を注ぎ続け展示水槽の水質を保持している。海洋からの取水が可能な沿岸部に立地した水族館ではこの方式を採用している水族館が多い。かけ流し方式は水族館内のバックヤードの設備をコンパクトにできることや大容量の水槽を設置・維持しやすいなどのメリットがある。水槽内の海水を維持するための設備がシンプルで設置コスト・維持コストともに濾過循環方式と比較して低く抑えることができる。ただし、沿岸であっても水族館周辺域に工場廃水等の流出がなく、取水口周辺での海水の濁度が低く、河川の流入などによる塩分変動が少ないなどの条件を満たす必要がある。ジンベエザメが泳ぐような大水槽を持っている沖縄美ら海水族館などがこの方式を採用している。

　もうひとつは濾過循環方式である。濾過循環方式はさらに細かく分けると開放式と閉鎖式がある。多くの水槽では開放式である。海水は天然海水か人工海水、もしくは2つを混合して使用している。飼育展示水槽の海水は専用の濾過循環システムによって水中の懸濁物質が取り除かれ、水中に過剰になった有機物は分解処理されてアンモニアなど飼育動物にとって有害な物質の蓄積を防ぐ。処理した海水は再び飼育展示水槽に戻され再利用される。フィルターや砂による物理的濾過、微生物による有機物の分解処理はほぼすべての水槽で行われ、水槽によってはプロテインスキマーによるタンパク質の除去、オゾン処理による殺菌、脱窒素装置による窒素化合物の分解など、さらにいくつもの設備を介して飼育展示水槽の海水は展示生物が健康な状態で生存できるように保持されている。各水槽の溶存酸素や温度などは常時モニタリングされ、必要に応じて水中に酸素を送り込むエアレーション、加熱や冷却などの調温を行い、飼育水は最適な状態に維持されている。定期的に水中の微量元素や塩分濃度、pHなどを測定し必要に応じて

新鮮海水と飼育水を入れ替える換水作業を行っている。海水を再利用する濾過循環方式であっても永久に同じ海水を使い続けることはできない。この方式を採用する水族館ではどうしても濾過循環のための設備を設置するためにかなりの場所を必要とする。場合によっては展示側のスペースよりもこのようなシステムを収容するバックヤード側のスペースの方が広くなってしまうこともある。いっぽうで内陸部であっても海水水槽を設置できることや個別水槽の水質をよりきめ細かく管理しやすいなどのメリットがある。東京の内陸部に立地するすみだ水族館や沿岸部にあっても安定した海水の取水ができない葛西臨海水族園などがこの方式を採用している。葛西臨海水族園には40槽以上の常設展示水槽があるが、基本的にはそれぞれの水槽で個別の系統の濾過循環システムとなっている。参考に葛西臨海水族園のマグロ大水槽の濾過循環システムを図4.1に示した。クロマグロなど100尾以上の回遊性魚類を飼育展示する水量約2,200tのこの水槽は、5機の循環ポンプと14基の濾過・分解槽が稼動することで維持されている。これらの設備が配置されているバックヤードはまるで工場のようである。1時間でおよそ2,200tの水が濾過循環処理されているので、1時間でマグロ大水槽の海水がすべて入れ替わっている計算になる。この水槽にも水の濾過循環のシステムだけでなくオゾンによる殺菌処理や水温調整をする装置、酸素の供給システムも装備されている。照明はメタルハライド、LED、蛍光灯のコンビネーションで100灯以上の照明機器の点灯・消灯が24時間周期で制御されている。

　照明設備も展示水槽の重要な設備のひとつである。明るい照明の水槽と暗めの水槽とがあるが、単に演出上の都合で照度や光源を決めているわけではない。サンゴ類や海草

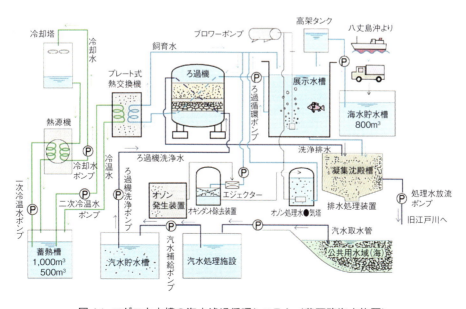

図4.1　マグロ大水槽の海水濾過循環システム（葛西臨海水族園）

のアマモ、海藻のジャイアントケルプなどの水槽では光合成を促すため十分な光量を確保する必要がある。いっぽうで光のほとんど届かない深海の水槽では飼育されている深海の動物にとって過剰な光はストレスの原因ともなる。かといって真っ暗では人が見ることができない。人の観覧ができるギリギリの光量に設定している水槽もある。

(2) 水槽はひとつの生きもの

　水槽は1日を通して同じ状態に保たれているわけではない。外部から遮断された閉鎖系の水槽では人工的に1日の変化や季節変化をつけることがある。人工の環境下であるが自然に近い状態を再現することで飼育している動物に自然に近い行動を促すためである。夕方から徐々に照明を落とし、朝には少しずつ明るくしていく。光の変化に敏感なクロマグロが泳ぐ水槽では照明の点灯・消灯を16段階もの細かなステップで行っている。夏と冬とでは日照時間が違うので1日の照明点灯時間を季節によって変化させている。マグロ類など運動量の多い回遊性魚類がたくさん入っている水槽では、酸素が大量に消費され飼育水中の溶存酸素量が低下する。エアレーションという飼育水中に空気を送り込む作業も行う必要がある。展示水槽側からは見えない、海水循環系の中で水に空気を溶け込ませるが、さらに展示水槽側でのエアレーションは夜間に行うことが多い。これは日中の開館時は水中のエアレーションの泡によって水槽内の魚が見えにくくなるなど、展示水槽内の動物を観察するときに支障があるためである。

(3) 餌のいろいろ

　水族館の動物の餌というと何を思い浮かべるであろうか。自宅で金魚などを飼っている人なら粒状やフレーク状の餌や赤ムシと呼ばれる生の餌などだろうか。多くの種類の動物を飼育している水族館では餌の種類も多い。食性や体と口などの大きさによっていろいろな種類の餌が与えられている。以下、種類別にいくつかを紹介していこう。

魚類

　飼育動物には魚類が多いが餌もまた魚類が多く使われている。マアジ、カタクチイワシ、ワカサギ、キビナゴなど。生鮮状態で入手し、丸ごと、またはぶつ切りや切り身にして与える。冷凍にされたものを解凍して利用することもある。キンギョ、ヒメダカ等を生きたままの状態の活き餌として魚食性の魚類などに与えることもある。

無脊椎動物

　エビ・アミ類（サクラエビ・オキアミ類・アミ類等）、イカ類（ヤリイカ・スルメイカ等）はよく用いられる餌である。生鮮または冷凍状態のものを入手し与える。エビ・アミ類は丸ごと、イカ類は適当な大きさに切って与える。エビ・アミ類では給餌する対象によっては硬い触角や脚などを除去して与えることもある。スジエビ類やザリガニ類を活き餌で与えることもある。

プランクトン類

　動物性のブラインシュリンプ（アルテミア）、シオミズツボワムシやイサザアミなどは、おもにプランクトン食の動物や魚類等の仔稚魚の餌として生きたものが用いられる。コペポーダ（ケンミジンコ類）などは冷凍のものを与えることもある。フジツボ類などには植物性の珪藻類（キートセロス等）やクロレラなども用いられる。アルテミアやシオミズツボワムシなどは自前の施設内で繁殖させて使用している水族館もある。

その他

　貝類（アサリ等）、昆虫類（フタホシコオロギ等）、多毛類（ゴカイ類等）も餌として用いられている。ペレット状に成型された人工配合餌料も近年では種類がとても充実してきており、併用することもある。カメ類やマグロ用の人工配合餌料も開発されている。ビタミン剤、ヨード、ラクトフェリン、カルシウム剤などを栄養補助的に餌や飼育水に添加することもある。水族館では動物ばかりでなく植物も展示している水槽が意外と多い。植物である海藻や海草は光合成を行い、自ら生長や繁殖に必要な栄養をつくり出せるので動物のように給餌は必要ないが、水中や底土に窒素、リン、カリウムなどのいくつかの元素が不足なく含まれていることと水中に十分の届くだけの光量が必要である。サンゴ類も動物であるが体内に植物である藻類が共生しているため、植物が必要とする条件を同時に満たす必要がある。

(4) 擬岩

　水族館で生物を展示する場合、観客が水槽を見て、その生物の生息環境を容易に想像することができるように様々な工夫をしている。砂地にすむ生物であれば水槽に砂をひく。岩場の生物を展示する場合は岩石を積み上げて水槽をレイアウトする。水槽内につくり上げられた環境は、本来の生息環境の景観を模しているだけでなく、生物の習性にも適合している。岩場の生物であれば、岩の隙間に隠れることで体を休めることができる。場合によっては、繁殖の場として使うこともある。

　水槽のレイアウトに使う岩石はイミテーションである「擬岩」（写真4.1）を使うことが多い。通常、その素材は多くの場合、FRP（繊維強化プラスチック）で、精巧な形成、精緻な着色によって本物と見紛うほどの色彩や質感を持つ。擬岩は中空で天然の岩石と比較すると極めて軽量である。もし、大きな岩場の再現に天然の岩石を使ったとしたら、重くてレイアウトを変えようとしても簡単にはできない。水族館の建物自体にもかなりの負荷をかけてしまうだろう。擬岩は内部が空洞の状態なので、岩組みをつくっていくと多くの擬岩の内部に空間ができ、生物にとっては格好の隠れ家ともなる。ただし、よい面がある反面、擬岩の中の水がうまく入れ替わることができないと、長期滞留した水は水質が悪化し、いわゆる「死に水」を形成する。病気の原因にもなりかねないため、水槽内の水の流れには十分な注意が必要である。水槽のレイアウトに使うイミテー

Tide 4　水族館の飼育展示・保全

写真 4.1　擬岩

写真 4.2　擬サンゴ

ションは岩石だけでなく、流木やサンゴ、海藻（海草）などもある（写真4.2）。プラスチック、ビニール、シリコンなど素材も多様で軽く扱いやすい。取り出して掃除することも簡単にでき、単体での価格は高価であるが長い目で見ると安上がりである。イミテーションは利便性が高く、現在の水族館では水槽内の景観形成によく用いられるようになっている。いっぽうで「本物」で勝負している水族館もある。葛西臨海水族園では、本物の大きな岩はさすがに入れられないが、小さな岩石は天然のものを使い、海藻や海草、サンゴもできるかぎり生きている本物を主体として展示している。精巧な海藻のイミテーションなどを見るたびに製作した職人の技と創意工夫には感嘆するが、イミテーションはやはりイミテーションであり、生きた水族を飼育展示する水族館では生物についてはできる限り本物にこだわりたいと思っている。

(5) 水槽の清掃と飼育係の道具のあれこれ

　水槽の掃除は水族館の飼育展示において非常に大切な作業である。一般に水槽のガラス面といわれているものには、ガラス製、アクリル製、ガラスとアクリルの合板のものとがある。付着藻類が繁茂したガラスやアクリル面の水槽や食べ残した餌が底に溜まっているような水槽では見る側はがっかりしてしまう。水槽内の汚れは観覧・観察上の問題に留まらず、飼育動物の健康管理上の問題を引き起こす要因ともなる。

　水族館の飼育係は水槽と飼育生物をよい状態に保ち展示するために多彩な道具類を使いこなしている。ここでは、おもに水槽の掃除や給餌のときに使っている道具類の一部を紹介しよう。

タワシ

　水槽の内壁は青色系を主に着色されている。通常は飼育展示する生物の生息環境や習性にあわせた色合いにしている。周囲の明るさに敏感な種も多く、深海生物であれば、あまりにも明るい環境では落ち着かないだろう。少ない光量でも視力を保つため目が大

きく発達しているような魚類などでは明るすぎれば目を痛めてしまうかもしれない。水槽を見たときに狭さを感じさせず広がりを持たせるような色あいであることも観覧者の印象をよくする大切な要件である。照明も重要で、浅い海域を表現するときには明るく、深海では弱いライトで演出する。海草類や共生藻を持つサンゴ類を飼育する場合は、光合成を促すように太陽光に近く強い光のライトを使用する。

　水槽内を照らすライトや日光などの光の影響で水槽内壁に生えてしまったコケ（珪藻・緑藻・藍藻等の藻類）は、毎日掃除して取り除かなければならない。水族館専用の道具というものは売っていないので、市販されているものを用いて自分たちで道具を手作りしている。タワシは水槽壁の掃除には非常に適した道具で、長いパイプの先に取り付ければ深い水槽の底でも掃除することができる。植物を使った天然素材であるため過度に壁を傷つけてしまうこともない。タワシだけでなく歯ブラシなどもよく用いる。掃除道具類は市販されている様々なものをチューニングして利用している。

アクリルふき

　水族館で水槽を眺めるときには透明なアクリル面を通して水槽を見ることになる。水中の生きものを見せる水族館にとってアクリルは文字通り窓であり、展示上、重要な部分である。現在の水族館の水槽では、ガラスよりアクリルが多く使われている。

　それでは、そのアクリル面が汚れていたらどうだろうか。汚いと思うだけでなく、観察しにくいため、楽しい気持ちが台無しになってしまうかもしれない。その水族館の印象も悪くなってしまうだろう。水族館ではアクリルの掃除は基本的に毎日行っている。飼育担当が最優先に行っている作業である。水槽内面のアクリルの清掃道具にはタワシと同様に水族館専用のものがないため、素材選びから水族館職員自らが行い、創意工夫

写真 4.3　ウエットスーツ生地を使った清掃道具

Tide 4 水族館の飼育展示・保全

コラム 7

「さかなのうんち」

　魚のうんち、というと多くの人は「金魚のフン」をイメージするのではないだろうか。長くつながって、付きまとう、自主性のない人の例えにも用いられ、悪いイメージである。実際のところ、健康的な金魚のフンは、短くプツプツを切れてつながる事は少ないが、調子の悪い個体のフンは繋がっていたり、透明だったり、赤い色をしていたりする。

　魚では、いわゆる糞とおしっこが一緒の場所（総排泄孔）から出てくるため、出てくるものは正確に言えば、おしっことうんちの混ざった物だ。

　ブダイの仲間はサンゴや岩の表面に生えている藻類をかじり取って食べているため、サンゴや岩の破片（砂）を一緒に食べ、咽頭歯（のど元にある歯のような骨）で細かく砕いてしまう。一緒に食べているサンゴや岩の破片がどのように魚に作用しているのかはわからないが、かじれる物を入れておくと、しきりにかじっている。かじるものが無いと、くちばし状の歯が伸びてしまい、餌がうまく取れなくなってしまう。消化吸収にも何らかの作用をしていると考えられ、サンゴや岩を入れておくと、何も入れていない水槽で餌だけ与えているのに比べて、健康的に飼育することができる。ブダイのフンは、サラサラとしていて大部分は砂である。観察していると、泳ぎながらあちこちで「砂のフン」をしているのが観察できる。サンゴ礁の白い砂浜は、ブダイの「うんち」でできているといっても過言ではないほど、重要な「砂」の生産者なのです。（中村浩司）

して製作している。もっとも注意しなければならないことは、アクリルはガラスに比べて柔らかく、とても傷つきやすいという点である。金属や岩、砂、小石などとの接触で簡単に傷が付いてしまい、その傷の隙間にコケが生えてしまうと簡単には除去することができなくなってしまう。したがって、掃除道具の素材はアクリルよりも柔らかく、砂などを巻き込みにくく、コケをふき取る能力の高い素材であることが条件になる。葛西臨海水族園ではいくつかの素材を掃除道具として使っているが、もっともよく使っているのはネオプレーン生地（ウエットスーツの生地）である。使えなくなったウエットスーツを加工して掃除道具をつくり利用している（写真4.3）。

　他にはカメラのポジフイルム用のプラスチックマウントを使ってコケを削り取ることもしている。

　アクリルは一度傷つけてしまうと簡単に補修することはできない。掃除するときには砂などを巻き込んでいないか、つねに注意しながらの作業となる。

(6) 飼育動物の健康管理

　水族館の飼育動物も具合が悪くなるときがある。病気にもなる。人であれば病気になったら医師の診察を受け治療してもらうことになる。「動物のお医者さん」というと獣医師がすぐに思い浮かぶと思う。水族館ではどうだろうか。現在の日本の水族館で専任の

獣医師を職員として配置しているところは少ない。水族館でもイルカなどの鯨類、アシカやアザラシといったいわゆる海獣類を飼育しているところでは獣医師がいる。ところが、そのような動物種のいない、つまりは魚類などばかりの水族館ではほとんどの場合、獣医師は配置されていない。現状では、水産、海洋生物系の学部・専攻のある大学・大学院出身で魚病学、水族栄養学、魚類生理学などを履修した飼育職員が魚などの飼育動物の健康管理にあたっていることが多い。餌料調整（選定・ビタミン添加・餌止め等）、検査（病理・細菌・検鏡等）、投薬、外科的処置、死魚の解剖なども飼育職員が行っているのがふつうである。

　魚類の病気には細菌、真菌、ウイルス、そして寄生生物を病原とするものがある。水族館で種数・個体数ともに多い魚類の病気と治療の実際の一例を紹介しよう。

例）単生虫症

　多くの水族館や養殖場で発生し、飼育魚に被害が出ている病気のひとつに単生虫症がある。単生虫は大きさ数 mm 程度の扁形動物で魚の体表や鰓などに寄生する。その生活史には中間宿主（成長の過程で別の宿主へ移動する）がないために、水槽内で発生してしまうと、卵を産んで大繁殖し、瞬く間に多くの魚に寄生する。寄生された魚は、水槽の壁に体をこすり付けることによるスレ傷や食欲不振、貧血などの症状がみられ、傷だらけの魚になってしまうばかりか、傷口が細菌による二次感染の原因にもなる。よって、単生虫が発生した場合、すぐに治療を行うのだが、もっともよく使われる方法は、淡水や濃塩水の中に一定時間魚を入れることで、浸透圧の急激な変化によって寄生虫を殺してしまう方法である。

　この方法は、水槽からすべての魚を取り出す必要がある。小さな水槽では容易だが、

写真 4.4　バックヤードで検疫中の魚

何十 t もの大型水槽では、かなりの労力になる。そこで、水槽から魚を取り出して治療できない場合、寄生虫用の薬を餌に混ぜて食べさせることにより駆虫する方法がとられるが、すべての魚に満遍なく薬入りの餌を食べさせることは簡単ではなく、一度、大型水槽で単生虫症が発生してしまうと、治療は長期間となってしまうことが多い。また、産み落とされた卵は、長期間、孵化せずに水槽の中に残り続け、終息したと思っても、再度、発生するような悪循環に陥ることもしばしばある。

このように展示水槽で病気が発生すると、見た目に不健康な魚を展示することになり、飼育担当として不本意な展示になってしまうため、展示水槽に魚を入れる前に検疫を行う。つまり、裏側の水槽で一定期間飼育して寄生虫が付いていないかどうかチェックした後に展示することで、展示水槽で病気が発生しないような対策を講じている（写真4.4）。

世界中から多種多様な動物が流通するようになり、養殖も多魚種化・効率化が進むと感染症等の病気のリスクも高まる。水族館内での長期飼育や野生個体のみに依存しない飼育展示を推進していくためには、これまで以上に飼育動物の健康管理を充実させていく必要がある。現状では獣医学部のある大学において水族に関して学ぶ機会やカリキュラムが充実しているところは少なく、水族館で獣医師として活躍できる人材を養成できるような教育プログラムはとても十分とはいえない。しかし、今後は魚類等を専門とした一定数の水族館獣医師が必要とされてくるであろう。国内でもいくつかの水族館では魚類等の病気の診断・治療が行える専門性の高い獣医師が職についている。このような園館を軸にして、症例や投薬などの情報交換を活発化させ、水族館獣医師の質・量ともに向上していくことが望まれる。同時に日本ではまだ専門職として認識されてはいないが、動物栄養士のような専門スキルを備えた職員を配置し、チームで飼育動物の健康管理ができる体制をつくっていければ、これまでにも増した活き活きとした水族館の飼育動物の姿を多くの人々にお見せできることにつながるものと思う。水族館における飼育動物の健康管理の充実は、次項で述べる飼育動物の繁殖や広義の動物福祉の向上の面でも意義がある。

4.2　飼育生物の繁殖と保全

(1) 飼育生物を繁殖させる意義

多くの水族館では飼育している生物の繁殖を積極的に行っている。展示生物を野外から採集することなく、繁殖によって維持することができれば、採集コストの削減だけでなく、希少な生物種の保全にも少なからず貢献できるなどのメリットがあるはずである。日本動物園水族館協会では、国内ではじめて飼育動物の繁殖に成功した水族館・動物園に対して繁殖賞という表彰制度を設けている。表彰されることは名誉なことであるし、

今まで明らかでなかった種の繁殖生態を解明し発表することは科学的な貢献に繋がる。近年、身近にいた生物が急激に減少している。生息環境の汚染・破壊や乱獲などが重なり、数十年前まで当たり前にいた生物が姿を消しつつある。水族館はそれらの希少となってしまった生物を展示し、現状を来館者に情報提供するだけでなく、生物種によっては水族館の持つ飼育技術を使って繁殖させることも可能であるし、繁殖条件を調査研究し、成果を生息環境に反映・還元させることで生息環境の改善にもつなげることができるであろう。それらを総じて生物の「保全」といっている。生息地における「保全」を「域内保全」、生息地から移動させて飼育繁殖させて個体群を維持することを「域外保全」と呼び分けることもある。

(2) 繁殖事例

これまで飼育下で繁殖記録のない種を水族館内で繁殖させた事例は徐々に増えてきている。魚類と両生類の例を紹介しよう。

ロックサッカー

南アフリカに生息しているロックサッカーは、ウバウオ科に属する海産魚類で岩など

写真 4.5　ロックサッカーの産卵

Tide 4 水族館の飼育展示・保全

写真 4.6 ロックサッカーの仔魚

写真 4.7 ロックサッカーの稚魚

に張り付いてくらしている。日本にいるウバウオ類は数種類が知られている。日本産の種はいずれも体長数cmほどの小型種だが、ロックサッカーは最大で体長30cmにもなる大型種である。葛西臨海水族園ではこの大型のウバウオ類であるロックサッカーを2010年から展示し始めた。2011年から産卵が見られるようになり、育成にチャレンジすることにした。メスが壁に付着卵を産み、オスが保護する様子を定期的に観察できるようになったが、ふ化は一斉に行われることなく数日かけて少しずつふ化するために、仔魚の回収効率が悪かった。そこで、壁に付着しているふ化直前の卵を強制的に剥がしてみたらどうなのか試してみたところ、大部分の卵を安全な状態で剥がし取ることができた。そればかりか剥がした刺激で多くがふ化することがわかった。ふ化させた仔魚には動物性プランクトンであるシオミズツボワムシを給餌し、徐々に大きなブラインシュリンプのふ化幼生を与えるようにした。常時遊泳していた仔魚は体の形を変え、成魚のロックサッカーと同じ扁平な姿へと成長させることに成功した（写真4.5〜4.7）。

ニホンアカガエル

　カエルの仲間やサンショウウオの仲間といった両生類を展示している水族館もある。カエルは身近な生きものであったが、世界的に両生類の減少が叫ばれるようになって久しい。環境の変化や強力な疾病の蔓延が原因としてあげられている。2006年には世界中で猛威を振るっていたカエルツボカビ病が国内で初確認された。現在ではカエルツボカビはアジア起源であり国内種は抵抗力をすでに獲得していたことがわかっているが、当時は、いよいよ国内の両生類にも絶滅の危機が迫ってきたと研究者や動物園水族館関係者は危機感を持った。国内の両生類の多くは里山や田園地帯、山間部の細流とその周辺などにすんでおり、人間の生活に影響を受けて、多くが減少傾向にある。東京都内で生息が確認されている両生類は14種程が知られているが、その多くは絶滅の危機に瀕した状態にあった。

　東京都立動物園水族園4園（恩賜上野動物園、多摩動物公園、井の頭自然文化園、

写真 4.8　ニホンアカガエル

葛西臨海水族園）では、都内の両生類の域外保全を目的に飼育繁殖技術の開発を行っている。まず、東京都内の特定の生息地から、生息地の繁殖個体群に悪影響を与えないように、成体のカエルではなく、幼生（オタマジャクシ）または上陸したての幼体（子ガエル）を採集し飼育を開始した。カエルは生きた昆虫をおもに捕食しているため、餌用にコオロギの養殖もはじめることにした。

　痩せてしまわないように注意しながら十分な給餌を行い、冬には室内であっても低温状態で飼育することにより人工的な「冬」を経験させ、翌年には産卵させることに成功した。カエルを飼育するときにとても重要なのは、幼生の飼育である。幼生は雑食なため、植物性の餌でも動物性の餌でもなんでも食べるのだが、種によって若干の違いがあり、餌を食べていても大きな幼生に成長することなく脚が生えて貧弱な幼体に変態してしまうこともあれば、死んでしまうこともある。しかし、フィールドでは幼生は大きく育ち、上陸時には飼育下のものと比べものにならないほどに大きなカエルに育っている。葛西臨海水族園は当時、日本の動物園水族館としてはじめてニホンアカガエルの繁殖に成功した。今後は種に合った餌を与え、野生の個体と同じくらい健康的なカエルに育成するのが目下の課題である。

(3) 希少生物を保全する

　水生生物の多様性や現状を広く市民に伝えることが役割のひとつである水族館では、生息地調査や採集などを通して、水生生物の生息環境の変化もつぶさに見てきており、環境の変化による生物種の減少は見過ごすことはできない大きな課題となっている。開発による生息地の減少、人の生活や経済活動に起因する汚染・破壊などの生息環境の悪

Tide 4　水族館の飼育展示・保全

ある日の水族館シリーズ④　　コラム 8

「ある日のメンダコふ化」

　2016年10月のある日のこと。その日の水族園は閉園日で、飼育係である我々は普段できない展示水槽のレイアウト変更や生物の移動などの作業を行う予定であった。朝のミーティングを済ませ、作業の準備をしはじめたとき、スタッフ間の連絡を取り合うためのPHSが鳴った。

「ハイ、もしもし？」「大変！！メンダコ生まれてるよ！！」「…えーっ？！」

　その年の4月に死んだメンダコから取り出した卵を水槽に置いておいた結果、8月に発生していることがわかり、石に接着して観察を続けていたのだが、ふ化予想日はまだまだ先のはずであった。

　すぐに卵を置いていた水槽へ急行し、水槽を上から覗いたところ、卵のてっぺんに穴が開き、そのすぐそばに親指の爪ほどの大きさの半透明のメンダコがいた。生まれたばかりのメンダコは親のメンダコの形とほぼ同じで、メンダコの特徴のひとつでもある耳のようなヒレもしっかり持っていた。同じタコの仲間であるマダコでは卵から生まれたばかりの幼生は吸盤が3～4つしかなく腕も短い。さらに親のマダコのように底でジッとすることなく、プランクトンのように水中をふわふわ浮いているため、親と子で違う姿をしている。しかし、メンダコは生まれたときからメンダコの形をしていた。

　生まれたメンダコは残念ながら5日目で短い生涯を終えてしまったが、この経験をもとにメンダコの謎をひとつでも解き明かしていきたい。（小味亮介）

メンダコ稚仔

化、疾病の蔓延、過剰な捕獲など様々な原因で数を減らしている水生生物種は多く、特に国内に生息する淡水魚や両生類などは顕著である。多くの水族館でその地域の絶滅に瀕した生物の保全や教育普及活動に積極的なのも時代の要請に応えた自然な流れであろう。域内保全をしていくことが理想ではあるが、その地域の置かれている状況により、そう簡単にはいかないことも多い。いっぽうで水族館が持つ飼育技術を活用して、減少してしまった生物を繁殖させて飼育下個体群を維持し、再び良好な自然環境が復活するまでの間、域外保全し貢献することもできる。

『大人の動物園ガイド』で概略が紹介されているように、葛西臨海水族園では東京都立動物園水族園4園でチームをつくり、2002年から東京都心に最も近い生息地のひとつで両生類のアカハライモリ（以下、イモリ）の保全活動を行っている。

　当時、葛西臨海水族園でイモリの展示を計画していた。展示するならば、東京都内に生息している個体を展示したいと考え採集を実施した。イモリ自体はいわゆる普通種であるので、当初イモリは都内でも簡単に採集できるものと考えていたのだが、実際に記録にある場所や生息していそうな場所に採集に赴いても見つからず、東京都内だけでなく神奈川県や千葉県など近県も含めて様々な場所を調査することになった。なんとか採集できたとしても数匹程度でとても継続して展示するまでには至らず、イモリは東京都内ではすでに生息地と生息数が激減しているということが、そのときはじめてわかったのである。私たちが活動を始めた当初の生息地は、周囲の宅地化や開発などによって産卵に適した安定した水量の水溜りがなく個体数も少ない、まさに絶滅寸前の状態であった。展示のために必要な数だけ採集させてもらうなどという、都合のよいことはいっていられない切迫した状況だということがわかり、見過ごすことはできずに保全活動に取り組むことになった（写真4.9）。

　イモリは名前を知らない者がいないほどの有名な生物であるにも関わらず、調査開始当時は生息環境や繁殖条件などに関する研究は意外なほど進んでいなかった。生息地の調査を継続するいっぽうで、必要な条件を洗い出し試験を繰り返した。その結果、イモリは周年を通して水辺と陸地の間の短距離を行き来し、あまり長距離の移動は行わず定着性が高いことがわかってきた。産卵する水辺の条件も判明し、いくつかの池を人工的に造成し環境を整備することで生息数は増加に向かった。推定個体数は当初の4倍程度にまで回復した。並行して卵の一部を持ち帰り、各園で育成した個体を用いて繁殖さ

写真4.9　イモリ保全活動

Tide 4　水族館の飼育展示・保全

写真 4.10　イモリ観察会

せて個体数を増やし、一定数の個体を継続的に飼育することで、生息地における急激な個体数の減少といった緊急事態にも対応できるように準備している。さらに私たちの活動を知った地域の小学校とも連携し、年間を通した教育プログラムを行っている。

ある日の水族館シリーズ⑤　　**コラム 9**

「ある日のトビハゼ巣穴調査」

　さながら「壮大な野外実験」でした。トビハゼ巣穴調査で近隣の干潟を訪れたある日のこと、そこにあるはずのヨシ原（サッカーグランド程の面積）が、見わたす限り刈り取られていました。ここは特にトビハゼの数が多かった干潟ですが、ヨシが刈り取られた後にはトビハゼの姿と巣穴はほとんど見られません。しかも、周囲からペットボトルなど多くのゴミが干潟に入り込んでいました。この光景にしばらく呆然とし、かつてトビハゼで賑わっていた光景を思い起こすと悲しささえ感じました。どうやら、護岸工事の一環としてヨシが刈り取られたようです。ほどなくこの事態を把握でき、一体、ここのトビハゼはどこへ行ってしまったのかと思いをめぐらせているうちに、「そうか」と閃きました。これは「壮大な野外実験」になるかもしれないと、今まで沈んでいた気持ちが好奇心へと一転しました。

　トビハゼがくらしていくためには、おもな活動の場となる開けた泥干潟だけでなく、隣接するヨシ原の存在が重要であるようです。ヨシ原が復活したら、はたしてトビハゼも復活するのでしょうか。その後、早くも半年から1年で、ヨシの背丈はほぼ回復してきました。そして2年後、トビハゼの巣穴はヨシ刈り前とほぼ変わらぬ数にまで回復してきています。トビハゼが戻ってきたのです。ゴミによる影響も多少はあるでしょうが、トビハゼにとってのヨシ原の重要性が垣間みられる「壮大な野外実験」でした。（田辺信吾）

東京にすむイモリを展示したいという素朴な気持ちからはじまったイモリの保全活動は2017年で16年目となり、単に東京都内の絶滅に瀕した種の個体数の回復だけでなく、地元の小学校の野外授業へと発展して地域の自然を大切に思う子どもたちの気持ちも育んでいる。この授業も9年目を向かえた。やがて子どもたちが大人となり、さらにその子どもたちにも身近にある自然環境の大切さが伝えられて行くことを願っている。

　水族館で展示している生物の多くは、野生由来の採集した生物であると冒頭に述べた。近年は一部で改善は見られるものの、自然海岸線の減少や乱獲、汚染などにより海洋生物の生息環境は悪化傾向にある。現在、比較的豊富に生息している生物であっても将来には不安がある。野外から生物を採集することによって水族館が生息環境の悪化や種・個体群の絶滅に間接的にであっても手を貸すことがあってはならない。天然資源を利用し続けなければならない水族館は、多様な生きものが存続していけるような自然環境を維持していくことの大切さの理解が進むよう普及啓発していくためにも、展示生物を通じて教育普及活動へ積極的に取組んでいくことが求められる。同時に展示生物の未知なる行動や繁殖生態を解明し、数や生息地を減らしている生物種に対して、少しでも野外からの採集に依存せずにすむような努力の継続が必要であると思っている。

(4) 他機関との連携

　研究や保全活動などを野外で行おうとすると、水族館単独では多くの壁にぶつかる。モニタリング調査などは、長期間、広域で実施できることが望ましい。
　1園館だけでは、マンパワーに限りがあるし、コストもかかってしまう。

写真4.11　イモリの幼体

葛西臨海水族園では、2011年から、東京湾に面した博物館や野鳥観察施設など8施設で連携し、それぞれの施設に近傍の干潟において、トビハゼのモニタリング調査を実施している。調査地が近傍であれば長期間継続して調査を実施することができる。これらのデータを8施設で共有することで、より広域の調査ができ、東京湾全体のトビハゼ生息地の実情が徐々に明らかになっている。これらのデータを各施設で情報発信し、教育普及活動に利用することで、多くの来場者が関心を抱くきっかけとなることが期待される。他機関と連携した取り組みは、より大掛かりなものとなり、まとめるだけでも大変だが、その効果はとても大きい。東京での事例をあげたが、このような連携の取り組みは各地の水族館で盛んになりつつあるものと思う。

おもな参考文献・サイト

公益財団法人東京動物園協会葛西臨海水族園：『東京湾のトビハゼのいま　北限のトビハゼ保全へ向けた施設連携に向けた活動2011 － 2016』、2017年。

公益財団法人東京動物園協会多摩動物公園野生生物保全センター：『平成28年度野生生物保全センター事業報告』、2017年。

錦織一臣・清水高志：「回遊性魚類の飼育環境と設備〜葛西臨海水族園のマグロ類を例に〜」『空気調和・衛生工学』第90巻第11号、2016年、33 － 39頁。

ABS学術対策チームホームページ：http://nig-chizai.sakura.ne.jp/abs_tft/ 2018年5月28日最終アクセス。

Tide 4「水族館の飼育展示・保全」のツアーを終えて

さより　動物園や水族館はやっぱり飼育が大切な中心ね。少しばかり昔の話ですけど、インタビューでどこかの動物園の園長さんが「ご専門はなんですか？」って聞かれて、「飼育です」ってきっぱりはっきり答えていたのが記憶に残っているわ。私の世代だと動物園・水族館の職員さんといえば、やっぱり「男性の飼育員さん」だったものね。

あゆ　いまでは「飼育のおねえさん」もたくさんいるからずいぶん変わったんだね。『水族館ガール』とかドラマもやってたし。「リケ女（りけじょ：理系女子）」の就職先を紹介している本に水族館が載ってた。そうそう、「専門は飼育です」っていうのいいね。専門が魚類学とか生態学とかっていうより、なんかカッコイイ！飼育員さんって資格みたいのはあるの？

ふく　日本動物園水族館協会（JAZA）では飼育の実務経験2年以上の職員を対象に飼育技師認定試験を行っています。動物園と水族館ではそれぞれ別の試験です。合格しないと飼育業務につけないというような免許試験ではありませ

	んが。ちなみに 4 月 19 日は飼育の日です。JAZA 加盟の園館ではこの日に合わせて飼育に関係したイベント等を開催しています。
さより	4 月 19 日で、し・い・く、ね。飼育員さんも試験勉強しなければならないのね。
ひらまさ	ぼくは良好な飼育の継続の先に、水族館内での魚の繁殖があると理解しました。自然界からとるばかりではなく、水族館内で繁殖させて水族館の飼育動物の個体群を維持していこうという考えですね。これからは水族館内で繁殖させてそれを繰り返していく、累代飼育っていうんでしたっけ？それが主流になっていくと。
ふく	そうですね。水族館内で飼育動物を累代で繁殖させていくというのも水族館が力を入れつつある方向のひとつですね。
あゆ	野生生物の保全に水族館が貢献しているなんてね。人知れずいいことしてるじゃん。しかも、イモリとかけっこう地味な生物だし。シブい。感心しちゃった。もっと PR すればいいのに。
ふく	保全への取組みや学習への重点の置き方などは水族館によってかなり差はありますけどね。動物が本来生息しているところの外での保全という意味で、生息域外保全の取組みといわれることがあります。動物園ではほぼこの方向に舵を切って進んでいます。まあ、動物園動物では多く場合で他に選択肢がないし、つくれないということでもありますが。水族館と動物園の間にも差はあるように思います。
あゆ	野生の絶滅はどんどん進行して「最後の拠り所が動物園」みたいな話もあるのかあ。動物園内の保全って、なんか「ノアの方舟」みたい。動物園が保全に力をどんどん入れていって、それが望まれているってことは、裏をかえせば野生動物はますます危機的な状況になっていってるってこと？水族館も同じなのかな。
ひらまさ	水族館は違う方法があるということですか？先ほどの水族館での繁殖事例などを聞くと水族館の方がむしろいろいろな動物を繁殖させていける可能性が高いようにも思いますが。それに日本には水族館がたくさんあるし、水産国で養殖技術も世界トップですよね。歴史も技術も人も施設もある。
あゆ	そうそう、そうだった！ニッポンはじつはすごいんだよ。みんな養殖すれば野生動物に負担かけなくて済むし。外国からあれこれブーブーいわれなくなるよ。フグもヒラマサもアユも養殖できるんでしょ？サヨリは知らないけど。
さより	サヨリだってきっとできるわ。とっても難しいクロマグロだって養殖できるくらいなのだから。マグロもウナギも全部養殖にすれば自然に負担かけないし絶滅とか心配しなくてよくなるのじゃないかしら。葛西臨海水族園だけで

Tide 4 水族館の飼育展示・保全

　　　　　　も 50 種以上で繁殖できているのだから、いま日本の水族館で飼育している全部の種類を繁殖させて、将来は繁殖したものだけで水族館の水槽の魚をまかなうことだってできるに違いないわ。
ひらまさ　ぼくもそう思います。それこそ水族館だけではなくて人類の進歩、科学技術の進歩です。持続可能な経済発展です。
あゆ　持続可能かあ〜。いい話っぽい。
ふく　う〜ん、どうでしょうか。
ひらまさ　ここまで水族館の内側の話を聞いてきて気になったのは、ユーザーのニーズとの距離を水族館というビジネスがどうみているのかということです。展示も繁殖も保全も水族館側の論理を優先しているように感じます。
ふく　マーケットイン（ユーザーのニーズを優先してサービスや製品などを開発・提供すること）なのかプロダクトアウト（提供側の考えを優先してサービスや製品を開発・提供すること）なのかということですね。
ひらまさ　そうです。ぼくは、水族館や動物園の多くはプロダクトアウトなのではないかと思っています。
ふく　そうかもしれませんね。水族館は経営母体も多様なので一概にはいえないとは思いますが、先ほどの水族館の展示生物の繁殖の件と合わせて、お答えできるかどうかわかりませんが以降の宿題としておきたいと思います。

Tide 5

水族館と社会

ふく 水族館を様々な角度からみてくると、どうしても現代の社会との関係について、大人のみなさんは興味がわいてくるのではないでしょうか。

さより そうねえ、少しは。

ふく 少し、ですか。

ひらまさ ぼくは大いに興味がわいてきました。

あゆ 同じく！です。

さより わきそうです。(笑)

ふく ありがとうございます。みなさんに支えられて進行役は成り立っていることをよくご理解いただき感謝します。ではつぎに水族館の社会的存在について、北海学園大学（経済学部）の濱田武士さんにお話しいただきます。濱田さんは漁業経済学が専門で、フィールドに根ざした研究を「人と生きものとの関係」をキーに続けてこられました。いくつも出版されている水族館や動物園のガイド本にはあまりみられないような視点からの内容になると思います。

水族館の社会的存在を考える

案内役：濱田武士（北海学園大学）

　水族館は、英語としてはアクアリウム（aquarium）と訳される。アクアリウムとは、アクアリオが語源であり、ローマ帝国時代に魚を飼っていた水槽（石をたたんでつくった水槽、屋内池）のことのようである。このことについて私は詳しくないが、水槽そのものというよりも、「生きている水生生物が入っている水槽」、もっといえば、そこに「水中にある疑似生態系がある水槽」を指しているらしい。実際、aquariumを辞書で調べれば、「水族館」という訳の他に、「水槽」、「人工池」が出てくる。

　アクアリウムの語源は西洋だが、アクアリウムという文化が西洋だけに存在していたわけではない。中国でも昔から金魚を水槽に入れて観賞魚にしていた。

　日本でも、中国から金魚文化が渡ってきて、昔から親しまれている。中国でも、日本でも、鑑賞を楽しむために金魚の品種改良が行われきた。金魚は自然界には存在しない鑑賞のために存在していて、日本独自の品種もかなりある。また、日本では、古くから庭園の池に観賞用の錦鯉なども飼われてきた。

Tide 5 水族館と社会

生活空間で鑑賞魚を楽しむ「娯楽」は東洋にもあったといえる。

暮らしの空間の中に水槽＝アクアリウムを置き、生きもの観賞を楽しむという行為はそれだけに収まらなかった。やがてアクアリウムは水族館という人が集まる大きな施設にもなり、規模も、技術も進化し続けた。海の中の生態がより大きなスケールの水槽の中で再現されていく。それがレジャー産業の施設となり「娯楽」と化し、多くの人を惹きつけている。

いっぽう、水族館は、「博物館の一種」で教育施設だという話もあり、「娯楽施設だ」という意見との間で激しく争った経緯がある。そのこともあって、西洋から渡ってきた文化であるアクアリウム＝水族館が、日本社会と我々の暮らしと、今どのような関係になっているのか、いまいちわからない。

本 Tide では、いろいろな視点から水族館の置かれた状況を見つつ、水族館の社会的存在とその価値を確認し、考えてみたい。

5.1 黎明期から多様であった

鈴木克美著『ものと人間の文化史 113 水族館』(法政大学出版、2003 年) を参考にして、若干歴史を振り返って水族館の黎明期を見ておきたい。

日本初の水族館「観魚室 (うおのぞき)」は、1982 年に東京上野に完成した動物園の中に、上野動物園付属水族館として誕生した。この動物園は同時に完成した博物館の付属であった。自然史博物館に動物園や水族館が付設されている、パリのジャルダン・デ・プランツがモデルになったという説がある。西欧諸国の博覧会での視察を通して構想されたものであることはたしかである。つまり、日本初の水族館は、金魚や鯉を鑑賞するという東洋の文化の延長線上にあったものではなく、西洋から輸入されてきたアクアリウムであったということになる。

日本は、明治時代になり、産業、学術、政治などあらゆる分野において西洋に学び、追従してきたが、水族館も例外ではなかった。つまり、西洋からの水族館の導入も、日本が欧米列強に対抗する国力を持とうと推進した殖産興業政策の一環であったということである。

では、水族館と殖産興業がどのように関係しているのであろうか。当時の農商務省の水産振興政策のひとつに、水産博覧会の開催がある (西洋諸国も博覧会を開催して産業新穀に刺激を与えていた)。水産に関わる国内外の新たな知識や技術が陳列される。その第一回水産博覧会は、1883 年 3 月から上野公園内で行われている。「観魚室」の設置 (1982 年 9 月) の半年後であった。ただし、この水産博覧会の中で「観魚室」が利用されたかどうかはわからない。

1896 年に開催された第二回水産博覧会は、兵庫県神戸市で行われた。この博覧会の

会場には、漁業、製造、養殖、教育学芸、経済、機械器具そして「水族」の区画が設置された。そこで登場したのが、和田岬水族館であった。日本ではじめて循環濾過装置が導入された近代的水族館であり、しかも、水族館の中には当時の制先端の水産技術であるサケマスふ化技術を展示していたという。1903 年の第 5 回内国勧業博覧会開催での堺水族館でも循環濾過装置が備えられた。和田岬水族館こそ日本初の水族館だという意見もある。

　さらに、共進会という博覧会と類似するが規模の小さなイベントが各地で頻繁に行われていた。明治期末期から昭和にかけての共進会において水族館が関わっていたものがかなりあったとされている。水産業振興に関わらないものもあるが、ただ産業振興的なイベントであったことにはまちがいない。

　このように明治中期から水族館が普及されるに至ったのであるが、しかし、日本において水族館の位置づけは曖昧なままであった。

　というのは、当初、上野動物園は明治政府のもとで農商務省博物館局の所管であったのだが、その後、宮内庁の所管となり、やがて当時の東京市の公園課に払い下げられたというからである。

　この経緯の背景については、知ることができないが、博物館局から外されて、東京市という自治体の公園課の所管に移管されたという歴史の意味は大きい。この経過からすると、水族館は、当初「博物館」だったのに、後に行楽施設という見方が強まったと理解できるからである。

　現在の東京都葛西水族園は「観魚室」を引き継いだ恩賜上野動物園内の水族館が閉館して開館した施設である。葛西臨海公園の一施設としてあり、公共サービスとして提供されている。公園施設であり行楽施設ということになる。

　さらに、水族館を行楽施設として印象づける出来事が「観魚室」の設置から 3 年後に起こっていた。1885 年、浅草水族館という営利目的の民営水族館が、見世物施設が集まっている盛り場に登場していたというのである。営利目的であったことから明らかに公共サービスではない。見世物的な娯楽施設だったのであろう。浅草水族館の運営は 2 年も続かなかったようである。しかし、1899 年にまた同じ浅草で、国内で 2 番目の営利目的の民営水族館が開館した。浅草公園水族館である。「観魚室」の所管の変更や、浅草での私設水族館の 2 度の出現は、水族館を行楽・娯楽施設として社会的に位置づけていくのに影響したものと思われる。

　ところが、そのいっぽうで、1890 年に、東京大学三崎臨海実験所に水族館が登場する。今度は、学術研究施設の付属施設とする水族館が設置されたのである。この水族館を皮切りに、東北大学、京都大学、北海道大学、東京文理科大学、広島文理科大学、東京水産大学、九州大学など、全国の大学の臨海実験研究施設に水族館が付属された。水産試験場に設置された例（北海道水産試験場小樽水族館）もある。研究機関の付属施設とし

Tide 5　水族館と社会

て水族館が設置されたことで、水族館が教育施設であることを強く印象づけるものであった。盛り場にあった、見世物的な水族館とは対照的であった。ただ、現在は、京都大学の白浜水族館などがあるが、多くが研究機関以外に移管しされたり閉館されたりしている。

　このように水族館は、黎明期からいろいろな設置主体により運営され、そのあり様も広かったようである。

5.2　レジャー経済の発展から見た水族館

(1)　レジャーとしての水族館

　つぎに日本の水族館をレジャー産業という視点から見てみたい。

　レジャー（Leisure）とは、語源のラテン語では「許されていること」、「自由であること」という意味であり、英語では「拘束（雇用、経営、家事炊事、教育、食事、就寝）活動以外の時間のこと」という意味である。つまり、余暇を意味している。

　我々がレジャーという言葉を使うとき、多くの場合、余暇そのものではなく、余暇を利用して行う娯楽や行楽のことを指している。

　レジャー産業は、レジャーという需要を開発し、財やサービスを供給する産業ということになる。国民経済が拡大するとき、労働時間が増加する傾向にあるが、働き手はそれだけに余暇時間を使ったリフレッシュが重要になってくる。レジャー産業は、そうした働き手のニーズに応えるものである。しかし、景気や働き方で余暇時間の使われ方は変わる。また、時代背景や世代によっても変わる。したがって、レジャー産業は、国民経済との関係を強めながらも、ときの時代背景や、景気、労働のあり方がどのようになっているのか、国民の余暇時間の過ごし方がコスト消費型か、時間消費型になっているのか、などで変わりうるのである。

　では、黎明期の水族館はどうだったのであろうか。

　じつは、明治から昭和初期にかけて日本社会が西洋化し、国力を増強してきた経緯が水族館の数の推移からも見て取れる。

　明治期から昭和初期まで景気の浮き沈みはあっても、庶民に「余暇時間」を消費する経済の発展があったのであろう。1910年頃に確認されている水族館は17館であったが、1930年代後半には55館に増えていたのである。しかも、そのうち31館が民営であったという。つまり、水族館で余暇時間を消費するという庶民が増加していたということになる。当初民営の水族館は、見世物が集まる盛り場にあったが、その後はそれに限らない場にできたといえる。

　しかし、第2次世界大戦に入り、国民は戦時体制に動員された。いうまでもなく、水族館に限らず、当時のレジャー産業の景気は全般的に冷え込んだ。しかも、大戦では

都市部が焼け野原となり、食糧難が国民を襲っていた。水族館の再建・再開は戦後4年後からである。

ただ、戦後復興の中で、国民生活は苦しいながらも、日本経済は、朝鮮戦争の特需を経て高度経済成長期に入っていく。と同時に、新たな庶民娯楽が芽生えてくる。余暇時間の使い方も多様化していく。そして、徐々に小水族館が増えていき、1955年頃からは水族館ブームが再燃する。

ブームが起こったというのは、水族館が娯楽施設としての性格を強く帯びていたからに他ならない。右肩上がりの経済により、庶民は1930年以来水族館に足を向けるようになった。

(2) 工夫競争がはじまる

1960年、国民所得倍増計画が策定され、日本経済は高度経済成長に入り、好景気と不景気を繰り返しながらも成長路線を歩む。国民の生活にゆとりが出てきて、大衆消費が拡大し、「三種の神器」やマイカー時代が到来する。経済拡張基調の中で社会インフラも整備され、国内の観光業も発展する。高度経済成長期の末期には列島改造ブームが起こり、高速道路や新幹線の拡張が進み、地方と都市圏間における観光客の往来も拡大する。山田紘祥著『デフレ不況下のレジャー産業―業種別経営動向』(堂友館、2002年)によると、この時代は、余暇としては「マスレジャーの時代」であり、大型レジャー施設が登場する。

水族館のブームも到来し、水族館の存在も変わっていく。が、それは、レジャーに対する国民の感覚が変わり、他のレジャー産業との競合に晒されたことも影響している。つまり、水族に対する好奇心だけで来場者を惹きつけるのは徐々に難しくなり、演出の工夫が必要になってきたのである。

たとえば、イルカや海獣類のショー、ダイバーの演出、大型水槽、回遊水槽などである。

水族館内での鯨類の飼育・展示は戦前からあったが、客を惹きつけるための「ジャンプなどのショー」に発展させたのは、1957年に開館した江ノ島マリンランドであった。江の島マリンランドは、1954年に開館した第三代江ノ島水族館の2号館である。まだ高度経済成長期に入る以前であったが、湘南地域は首都圏の避暑・行楽地として発展していたこともあって、レジャー施設としての役割を強めるために2号館が増設されたのではないだろうか。

1964年、開館の大分生態水族館では、水槽内にマリーンガール(女性ダイバー)が登場する。また珍しくない魚を使って「輪くぐり」などを見せるショーも行っていた。「輪くぐり」などのショーは派手ではないが、水族館の新たな楽しませ方を生み出したといえる。1968年に開館した神奈川県・油壺マリンパークでは、大分生態水族館と同じよ

Tide 5　水族館と社会

うに、魚に芸を身につけさせる「サーカス水族館」が行われた。1970年に開業の千葉県・鴨川シーワールドではシャチのショーが実施され、1971年に開業の和歌山県・串本海中公園センターでは完全育成された造礁サンゴが登場した。

　高度経済成長期からの水族館は、娯楽・観光施設として、「楽しませる」「驚かせる」という要素を盛り込み、集客のための工夫競争が生じていた。さらに、その多くが、リゾート地に立地していることもあり、観光の目玉になったものも少なくない。かつての水族館は、娯楽施設として「楽しませる」要素はあったが、営利的な民営の水族館でも、それは大々的な観光施設というものではなく、ある種の見世物であり、盛り場の一角にあるものであった。

　とはいえ、決して教育施設としての性格がすべて失われたわけではない。客を飽きさせないための工夫が全面にでるような水族館が増えたということである。

(3) 巨大施設化する水族館とウォータフロント計画

　1973年、円の外国為替相場は変動制になり、円高が進み、同じ年に第一次オイルショックが発生する。このことにより、それまでの高度経済成長が失速した。低成長の時代に入ったとされている。景気も失速し、国民のレジャーへの期待も、コスト消費型から時間消費型へシフトしていく。

　この時期は水族館ブームがなかった。とはいえ、特筆すべきことがある。沖縄国際海洋博覧会（1975年開催）の跡地に記念公園が整備され、その中に1000tを超える大型水槽のある水族館が開館したことである。博覧会の中にあった「海洋生物圏」がその前身だといわれている。ともあれ、この水族館が注目されたのは、ジンベエザメなどの大型魚が展示されたという点である。

　沖縄国際海洋博覧会は、沖縄の本土復帰記念事業として開催された国際博覧会であり、沖縄の開発を推し進めた国家プロジェクトでもあった。道路整備やリゾート開発が進み、本土からのたくさんの観光客を受け入れる公園となった。水族館は公園内でもっとも集客が多い施設であったことも特筆すべきだろう。なお、2002年には沖縄の本土復帰30周年を記念して旧水族館を閉館して、新水族館「美ら海水族館」を開館した。大型水槽にジンベエザメやマンタなどが飼育されている。

　1980年代前半は経済低成長が続くが、1985年からバブル経済期に入る。バブル経済期の特徴は、米国の貿易赤字・財政赤字を改善するためにG5の金融相がニューヨークのプラザホテルに集まりドル安・円高の誘導を協調して図ることを合意し、かつ、内需拡大政策が図られたことである。鉄鋼や造船業などの輸出産業は厳しい局面を迎えるものの、大量生産・大量流通・大量消費・大量廃棄社会が拡大するとともに、「金余り」現象が生じて、あらゆる資産の価格が高騰する。株価も急騰する。そして、いわゆる1987年にはリゾート法が制定され、大々的なリゾート開発が各地で進められた。

このような経済環境のなかで国民はコスト消費型の余暇生活を再び送ることになる。それに伴いレジャー産業が拡大した。想像に難くないことであろう。

各地で観光地の開発が進むいっぽうで、都市の臨海部も変貌する。沿岸を持つ大都市の各自治体のウォータフロント計画の中で公園や遊園地が新たに造成された。その中に水族館が登場した。

都市臨海部は、高度経済成長期において埋め立てが進み、工業用地か、倉庫やコンテナヤードなど物流施設が集まる商用地かになっていた。80年代に入ってから米国のウォータフロントブームに倣い、再開発が進んだのである。古くなった倉庫街の地価は大都市圏の中では相対的に安かったということもあろう。

1987年には、神戸市須磨区の臨海部にある須磨海浜公園内に神戸市立須磨海浜水族園、1989年には東京都江戸川区の臨海部に葛西臨海公園とともに東京都葛西臨海水族園が開園する。葛西臨海水族園では、大型のマグロの回遊水槽が登場する。1992年には名古屋市港区の臨海部名古屋港ガーデンふ頭に名古屋市立名古屋港水族館（南館）が開館する。なお、2001年には世界最大級の野外水槽が備えられた北館が開館する。

これらいずれも公立の水族館である。この時期、民営の大型水族館も登場する。

1989年、福岡市東区の臨海部にある国営海の中道海浜公園に隣接する、海の中道マリンワールドが開館する。1990年には、大阪市港区の臨海部天保山地区に天保山ハーバービレッジという複合型アミューズメント施設が開発され、その中に当時としては世界最大級の超大型水槽を備えた海遊館が開館した。年間の来場者数が495万人に達した年もある。1993年には、横浜市金沢区の臨海部に八景島シーパラダイスという遊園地が埋め立て造成された。その中にアクアミュージアムという水族館が開館した。

これらは、高度経済成長期に登場した水族館と比較して、施設が更に大型化しているだけでなく、デザインが充実化し、レジャー感覚がよりいっそう強まった。民営の水族館ほど、その傾向が強い。

このように、首都圏や人口100万人以上の大都市圏の臨海部で続々と開館している。水族館が立地するウォータフロントは、ある意味、都市部で新たに生まれたリゾート地であった。過密問題と公害で悪化していた都市環境の再生のてこ入れでもあった。その中で水族館はウォータフロントを彩る施設として集客を見込めるものだった。観光資本の投資活動が活発化していたということも関係している。いずれにしても、これら大型投資は、景気が後押ししていたからこそできたといえる。

しかし、バブル経済が終焉した後の90年代は、長期の不況期に入る。水族館ブームは止み、来場者数も減っていく。水族館の次なるブームまでに10年を待たねばならなかった。

Tide 5　水族館と社会

（4）都市空間に入り込む水族館

　ウォータフロントの再開発は、その後も進んだが、遊園地や公園ではなく、マンションなど居住区の再開発であった。

　水族館の多くは、海辺にある。海辺の環境に溶け込むということもあるが、魚介類を入手するのに、漁業関係者や漁業団体あるいは卸売市場との密な関係が必要であったことも関係している。たしかに、珍しい魚が捕獲されたとき、地元の水族館に引き取られるケースが多い。

　とはいえ、内陸部に水族館がないわけではない。1979年開園の箱根園水族館は、芦ノ湖には近いが、海水魚も飼育されていて、海からは遠い。あくまで箱根のリゾート地に立地している水族館である。1991年に東京都品川区にあるしながわ区民公園において民営のしながわ水族館が開館した。海辺ではない、その立地場所は居住区域の市民生活に溶け込んだ水族館である。内陸になればなるほど、海水の入れ替えは大変であるが、しながわ水族館は、都心部から離れていて、海辺には近い。

　2005年以後は、都心部に水族館が登場する。まずは、2005年に開館したのはエプソン品川アクアスタジアムである。JR品川駅前の品川プリンスホテルと複合している施設内にある。2011年には、JR池袋駅近くにあるアミューズメント複合施設サンシャインに水族館が再開館する。2012年には、JR京都駅近くの梅小路公園内に京都水族館が開館した。また同年、東京スカイツリーとの下層と一体化している東京スカイツリーソラマチ内にすみだ水族館が開館した。

　いずれも、都心で休日に来場客が集中する施設の中にある。部分的にではあるが、都心部で海水の入れ替えが大変であることから、コストが高い人工海水が利用されている。

　レジャー施設としての水族館は、80年代までは地方の海辺の観光拠点に立地する傾向があったが、それ以後、大都市圏に立地し、さらに最近では昼間人口が集中し、周辺地域の中では相対的に地価が高い地区に立地するようになった。しかも、よりコストがかかる施設である。投資に見合う来客が見込まれるからこそ可能であった。

　水族館は、近代都市空間、しかも都心部にあるレジャー産業に仲間入りしたといえる。

（5）動物園と比較すると

　水族館と動物園をまとめている団体として、日本動物園水族館協会（JAZA）がある。すべての水族館や動物園がJAZAに加盟していない。しかし、JAZAの統計を使えば、全国的な状況をある程度の傾向が見える。

　図5.1は、JAZA加盟の水族館の数と来客数の推移を表している。図5.2は動物園のそれである。

　図5.1をみると、水族館の来客数は74年から横ばいで1985年頃から増加し、1990

5.2 レジャー経済の発展から見た水族館

図 5.1 水族館の施設数と来客数
資料：日本動物園水族館協会（JAZA）

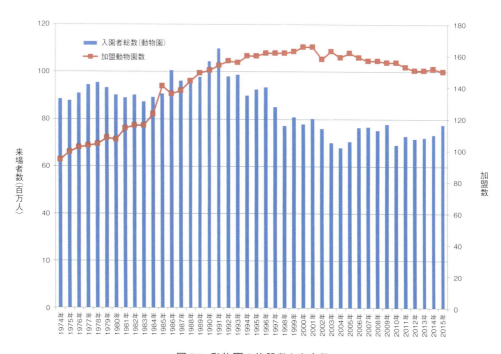

図 5.2 動物園の施設数と来客数
資料：日本動物園水族館協会（JAZA）

年頃から急増加していることがわかる。しかし、90年中頃には減少傾向に転じ、2000年代に入ってから再び増加傾向に転じ、2013年には3.5千万人を突破している。水族館の加盟数も2000年頃まで増加し、昨今は脱退が相次いでいる。ただ、来客数は、増減を繰り返してはいるものの、総じて増加傾向にあった。

つぎに図5.2の動物園を見よう。来客数は、70年代から増減を繰り返しながら、1985年に1億人を突破し、1991年に1.1億人でピークを迎える。しかし、その後は減少傾向に転じ、2001年を最後に8千万人を割り、増減を繰り返している状況である。昨今、加盟数も減少気味である。

このように、動物園の来客数は水族館と縮まっているとはいえ、現在も倍以上である。加盟数の違いが関係している可能性があるので、そこで図5.3に1施設あたりの来客数の推移を示した。

この図をみると、動物園の来客数が大きく落ち込んでいることがわかる。かつては1施設あたり95万人近くに達していたが、2004年にはその半分以下の42万人まで落ち込んでいる。その後持ち直してはいるが、50万人程度である。そのいっぽうで、水族館は34万～55万人の間で増減を繰り返し、2010年以後増加傾向になり、2015年は60万人を突破し、1施設あたりの動物園の来客数を上回っている。

このように水族館の来客数が増加傾向にあるのは、バブル期に開館した大都市圏のウォータフロントに立地した巨大水族館、2000年代に入ってから観光地でリニューア

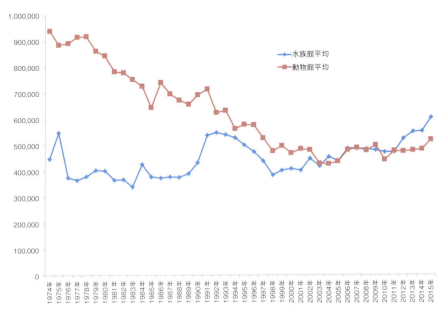

図5.3 水族館と動物園の平均来客数（一施設）
資料：日本動物園水族館協会（JAZA）

ルオープンした沖縄美ら海水族館、アクアワールド・大洗、新江ノ島水族館に加え、都心部に現れたすみだ水族館、京都水族館、サンシャイン水族館などの年間来客数が100万人を超えているということが影響している。つまり、公営、民営問わず、バブル期以後に開館した大型・巨大水族館が、全国水族館の来客数を増加させてきた。

　来客数には、無料入館者含まれる。来客者数のすべてが売り上げにつながっているわけではない。ただし、来客数の増加は、社会的に貢献していると受け止めることもできる。また、国民にとってより身近な存在になっているともいえないであろうか。

5.3　博物館の一種？

(1) 法制度からの位置

　とはいえ、水族館の社会的存在を語るのはとても難しい。それは、先に見た歴史を振り返るまでもなく、水族館が、水族を展示している施設であり、行楽・娯楽の場であり、生物の行動や生態を観察して理解する場、学ぶ場でもあるからである。

　水族館に訪れる人々もいろいろな理由・目的があろうと思う。水生生物を見たいだけという人、家族や友達と一緒に楽しみたいという人、水生生物のことを知りたい、学びたい人などさまざまである。水族館の裏舞台について知りたくて、訪問する人だっている。

　それらを踏まえると、施設自体は、いくつかの側面があるということになる。「文化保存施設」（文化や自然を保存）、「レクリエーション施設」（行楽・娯楽の場を提供）、「教育施設」（自然・環境・理科教育の場を提供）となる。さらに、文化面や教育面を満たすためには、水族や生態系の研究を職員がしなければならない。つまり、「研究施設」としての側面も持つことになる。いっぽうで、動物園と併せて「公園施設」という見方もある。

　水族館すべてが以上のような役割を全て同じく果たすわけではない。現代では集客を見込んだ娯楽に偏ったレジャー施設になっているものがたくさん見受けられるし、教育・研究に重きが置かれている水族館もないわけではない。

　そこで、法制度面から接近してみたい。法的には、水族館は「博物館の一種」と見なされてきたようである。「博物館の一種」と知ったとき、私は美術館や歴史博物館とはイメージが異なり、一瞬違和感を持ったが、実物を収集して、展示しているという意味では共通している。博物館は教育行政の管轄である。レジャー施設のような水族館があることを考えると、「博物館ではない」という方がすっきりとするが、なぜ「博物館の一種」に入れたのか気になる。ならば「博物館」とはそもそも何かということになる。そこで、少し難しい内容だが、日本の博物館法の第二条第一項に記してある定義を見よう。つぎのようになっている。

Tide 5　水族館と社会

　「博物館」とは、歴史、芸術、民俗、産業、自然科学等に関する資料を収集し、保管（育成を含む）し、展示して教育的配慮の下に一般公衆の利用に供し、その教養、調査研究、レクリエーション等に資するために必要な事業を行い、あわせてこれらの資料に関する調査研究をすることを目的とする機関のうち、地方公共団体、一般社団法人若しくは一般財団法人、宗教法人又は政令で定めるその他の法人が設置するもので<u>次章の規定</u>による登録を受けたものをいう。（細かい括弧書きは削除）

　この定義によると、一見、動植物園と水族館は該当しないように思える。水族館は生きものを収集するが、資料を収集するところではないからである。しかし、「資料を収集し、保管（育成を含む）し、・・」のように「保管」の後ろに括弧書きで「（育成を含む）」と記されている。つまり、そのことで「資料」は生きものも含むと理解されるようになっている。

　なるほどと思うが、水族館がすべて博物館ということにはならないようである。我々がどう認識しようが、博物館法の博物館は、あくまでこの定義によるもので、この法の中で規定する「登録博物館」のことを意味している。

　難い言葉である「登録博物館」とは、定義の文章内に下線部を引いた「次章の規定」に当てはまる施設のことである。その規定の内容を表5.1に示した。表の左側の「定義」の下にいくつかの「登録博物館」の規定の項目を記している。そして、それらの一行横に「登録博物館」の規定内容が記されている。

　表5.1の「登録博物館」の横には「博物館相当施設」という区分がある。これは準「登録博物館」というようなもので、同じく登録手続きが必要である。ただ、規定は「登録博物館」より緩和されており、博物館法制定のプロセスを調べ論じている瀧端真理子（2014年）によると、「博物館相当施設」こそが動物園や水族館を想定した名称であったようである。具体的に規定を見ると、設置主体に制限はなく、営利を目的とした民間事業者であってもよく、学芸員相当の職員は必要であるが学芸員を必ずしも雇用する必要はなく、年間開館日数や建物延面積などの要件も「登録博物館」と比較して厳しくない。たしかに、この規定ならば水族館も該当してくるような気がする。

　登録博物館、博物館相当施設、どちらも審査と登録先は、都道府県教育委員会（なお博物館相当施設に関しては独立行政法人の設置主体の場合は文部科学省大臣）になるが、いずれも、設置主体の申請があってのことである。登録される団体以外の博物館は、法では認めないもので、「博物館類似施設」としてカウントされている。設置主体からの申請がなく、あったとしても審査で求められていないので、これはあくまで都道府県教育委員会が当該管轄地域内にある把握している施設である。

表 5.1 博物館の区分と水族館の数

	登録博物館	博物館相当施設	博物館類似施設
2015年10月1日時点の水族館の施設数	8	30	46
定義	歴史、芸術、民族、産業、自然科学等に関する資料を収集し、保管（育成を含む。）し、展示して教育的配慮の下に一般公衆の利用に供し、その教養、調査研究、レクリエーション等に資するために必要な事業を行い、あわせてこれらの資料に関する調査研究をすることを目的とする期間で、博物館登録原簿に登録されたもの（法第2条①）	博物館の事業に類する事業を行う施設で、博物館に相当する施設として指定されたもの（法第29条）	博物館と同種の事業を行う施設（登録又は指定を受けていないもの）（根拠規定はないが、社会教育調査上、上記のように規定）
設置主体	地方公共団体、一般社団法人、宗教法人など	制限なし	制限なし
登録又は指定主体	都道府県教育委員会が登録（法第10条）	①国又は独立行政法人が設置する施設については文部科学大臣が指定 ②1以外の施設については都道府県教育委員会が指定（法第29条）	なし
職員	①館長、学芸員必置（法第4条） ②法に規定する目的を達成するために必要な学芸員その他の職員を有すること（法第12条2号）	学芸員に相当する職員の必置（規則第19条3号）	制限なし
年間開館日数	150日以上（法第12条4号）	100日以上（規則第19条5号）	制限なし
資料	法に規定する目的を達成するために必要な博物館資料があること（法第12号1号）	博物館の事業に類する事業を達成するために必要な資料を整備していること（規則第19条1号）	制限なし
施設等	法に規定する目的を達成するために必要な建物及び土地があること（法第12条3号） 建物延面積165平方メートル以上（登録審査基準） 水族館：三尺平方の水槽5個以上	博物館の事業に類する事業を達成するために必要な専用の施設及び設備を有すること（規則第19条2号） 建物延面積132平方メートル以上（指定審査要項） 水族館：展示用水槽4個以上でかつ水槽面積の合計360平方メートル以上	制限なし 建物延面積 相当施設と同様

資料：博物館法制度上の博物館の区分と現状（文部科学省）

（2）博物館法から見た水族館の数はどうなっているのか

　博物館法では、設置主体の性格、学芸員の有無など公共性や職員の職能などによって博物館が区分されているのだから、法的な意味合いでの「博物館の重み」については、登録博物館＞博物館相当施設＞博物館類似施設、その他、ということになる。水族館自

Tide 5 水族館と社会

体には序列はないが、この意味するところは、博物館としての社会的信用度の高さを表しているのではないか。登録されていることで、単なる娯楽施設とは違う、という証明になろうかと思うのである。とくに、動植物園や水族館においては、教育施設か、娯楽施設か、という捉え方をめぐる議論が明治期からあったため、娯楽施設と思われたくない施設においては登録に一定の意味が出てくる。

　では水族館がどのようになっているのか見よう。最新データである2015年10月1日時点での登録博物館は8施設、博物館相当施設は29、博物館類似施設は46である。ただ、建物延面積が規定「建物延面積132平方メートル以上（指定審査要項）」以下についてはカウントされていないので、国内には水族館が、これらの合計73施設以上あることになる。

　とはいえ、水族館の正確な施設数はわからないので、73施設を基準にすると、博物館法に則った登録施設は50％弱ということになる。「登録博物館」に限ると10％強である。この数値がどのような意味を持っているかはわからない。

　動物園と動植物園をみると、動物園は、登録博物館はなく、博物館相当施設が7、博物館類似施設が59、動植物園においても登録博物館はなく、博物館相当施設が7、博物館類似施設が14となっている。日本動物園水族館協会に属する動物園は2015年時点で150（水族館は61）ある。しかも、過去のデータと照らし合わせると登録数は減っている。博物館法における水族館の博物館登録数と比較すれば、動物園は明らかに「博物館の重み」を持った施設が少ないということになる。

　水族館は、レジャー産業として拡大している傾向があるが、動物園や動植物園と比べれば、博物館らしさを求める傾向も強いといえるのかもしれない。ただ、その解釈が正しかったとしても、博物館らしさを求める水族館が、動植物園より多いということに過ぎない。

5.4　人と魚の関係から考える

(1) 地域社会の中にある

　法律は、規律を示すものであると同時に、国の姿勢を示すものである。その意味では、博物館法という「物差し」で現存する水族館を捉えることができた。生きものを資料にしているという点については、動物園と同類ではあるが、その違いが数値で見ることができた。

　ただし、博物館らしさを追及する水族館があってもよいが、水族館が博物館である必要性はまったくない。水族館が博物館の一種として存在しなければならない理由はどこにもない。そもそも、博物館法で規定する博物館はあくまで行政の「お墨付き」というものであって、教育行政の管轄下に置かれ、法的な格付けをされたに過ぎない。

ならば、博物館法以外の法の「物差し」があるのかどうかといえば、たとえば、設置主体の団体の法的性格、すなわち非営利法人か、営利法人かという仕分けで見るという方法もあるが、それはすでに博物館法で仕分けられている。何かの基準を設けるのは限界があるのではないかと思う。

　本来、団体も人も、アイデンティティを持つべきであり、水族館はレジャー産業施設であろうが、博物館の一種であろうが、それぞれの水族館らしさを独自のものとして目指すしかない。

　また水族館がどこかの地に立地していることを踏まえると、その地域社会にどのように溶け込むか、が重要であり、と同時にそれとは別に、それぞれの水族館が人と水族との関係をどう考えるかに帰結するように思えるのである。

　たとえば、公園施設としてあるのならその地の市民との関係、遊園地にあるのならば遊園地の来客との関係、観光地にあるのならその地に訪れる観光客との関係、教育施設としてあるのならそこで学ぶ学徒との関係である。もちろん、こうしたあり様が複合するものもある。

　いずれにしても、水族館の社会的存在は、立地場所とそれを取り巻く環境（社会的環境および自然環境）そして、魚と人間との関係で考えていく他はない。

(2) 都市空間から魚が消えている

　テレビを見ると、料理番組、ワイドショー、バラエティ番組などで魚の話題は絶えない。「さかなクン」というタレントまでいる。

　魚屋に行けば、魚を見ることができる。鮮魚の専門小売の、いわゆる魚屋さんは、おおむね卸売市場から仕入れた魚を並べている。魚は獲れたり、獲れなかったりと、日々相場が変わるので、店頭に並ぶ魚も日々変わる。よく出回る魚は安いが、旬の大衆魚でも不漁が続くと、高くなる。その点を踏まえながら自分のお店に来るお客のことを考えながら、魚を仕入れている。だから、多くの魚屋は、買い出しに来る客層にあった値ごろで、美味しく食べることができる魚を、品質にあった調理方法と併せて提案しながら売っていた。魚屋は、魚を仕入れるお店であると同時に、魚教室でもあった。

　しかし、その魚屋が都市空間において見当たらなくなっている。その代わり、スーパーマーケットが増えたが、その鮮魚売り場にあるものは、生鮮品でも切り身になっているものが多く、魚の姿（丸魚）がほとんど見ることができない。包丁さばきは大変、内臓や鱗に鰭など残滓が残る、焼けば煙が出るなどきれいになった都市の生活空間では面倒な存在になってしまっている。残滓が出ないように加工度を上げないと魚が売れないらしい。

　それゆえ、市民が映像以外で魚の姿を日常で見る機会は減っている。もしかしたら、食べる魚の姿を知らずに食べている人は多いのではないか。しかも、残念ながら魚の消

Tide 5 水族館と社会

費量は激減している。日本国民一人あたりの水産物消費量は2001年が40.2kgだったのが2013年には27kgにまで落ち込んでいる。これは水産加工品の消費も含めてである。

日本人と魚の関係は食を介してつくられてきた。ところが、今その関係が弱まってきている。とくに都市部において、である。その進行と同時に、卸売市場や日本漁業の展望も暗いものにしている。

このことは、魚という自然界に存在している生き物そのものと、日本人との関係が薄れていることに他ならない（この内容については拙著『魚と日本人　食と職の経済学』(岩波新書、2016年)を参照されたい)。

人間が生きものとして存在している以上、食という行為はなくならず、生態系との関係を断ち切ることができない。都市部で生きる人間は、自然の驚異から解放された空間で暮らしてはいる。だが、その都市部で生きる人間でも、食を介して自分の身体が自然からできていることが意識できる。食材が自然界の中で生産され、運ばれてきたものだと知れば知るほど自然との繋がりを意識できる。その中でも、魚、とくに加工されていない丸魚は、自然との繋がりを意識できる、実感できる格好の食材である。

その身近にあった魚たちの姿が徐々に街から消えている。同時に、台所に尾頭のついた魚が登場しなくなった。加工商材、簡便性食品が台頭し、生活が楽になったいっぽうで、我々が食べる食材の、素材がどのような見姿なのか、知らずに食しているという現象が特に都市部で拡大している。

これは食の危機であると同時に、水族館の危機でもある。

(3) 人と人をつなぐ

水族館は、疑似的ではあっても、生きた、自然の中の魚を見せてくれる。水槽の前に立って魚の泳ぐ姿に見とれてしまう。そこには、海の中の美しさも表現されている。ダイビングなどすれば、生きものや海という自然界の営みをもっと身を持って知ることができるが、そうした技術を持っていなくても、魚の生きた姿を見ることができる。アクアリウムにある自然は実物ではなくても、海を汚したら、この生き物たちはどうなるのだかろうかという想像ぐらいはできる。

私は、時折、海の中ならば、この魚たちはもっと悠々と泳げるのだろうという感情も抱くが、我々人間にとって、食べる対象以外にも役立ってもらえていると思うと感謝しなければと思う。つまり、文字や映像ではない、疑似自然を体験でき、学べるということもである。

水族館の裏舞台では、魚の生体や海の生態が研究されている。水族館の職員は、展示物の採取にあたって海に出かけることもあれば、漁業者から提供してもらうこともある。漁業者から獲る知恵も教えてもらうこともある。いうまでもなく、水族館にとって漁業

関係者たちとのネットワークが重要である。

そして来館者が、海の世界に魅了されるように、学べるように、また飽きないような演出をするために水族館職員は工夫を凝らさなければならない。来館者が水族館を楽しめるのは、このような舞台裏があるからである。

こうして水族館の表舞台と裏舞台を併せて考えると、海の世界と都市住民をつなげる人の連鎖があることに気づく。水族館に来客が来る限り、人の連鎖は生きている。そこに水族館が持つ「豊かさ」があり、社会的存在価値がある。都市住民にとって海の世界は遠い存在なのだから、水族館の存在価値は都市部に暮らす人ほど高いものになるはずである。

ただ、人間にとって水族館は、主として魚や自然を見て、楽しむ対象、知る・学ぶ対象としている。魚屋さんは食べる対象として魚を陳列させ、そのウエイトが高いが、買い物客にとってそこは魚を見る場でもあり、学ぶ場でもあった。

しかし、水族館とて、「食」との関わりがないわけではない。

(4) 動物愛護・動物福祉が強まる中で

我々の社会は、科学技術と経済の発展により目まぐるしく変化してきた。そのことにより食の世界では人を自然から遠ざける方向が強まった。

そのいっぽうで、動物愛護、動物福祉という思想が世界的に広がり、各地の固有の食文化にも脅威を与えている。日本なら鯨類の食文化である。イルカも食用として昔から利用されてきたし、今でもイルカ漁は行われている。その捕鯨業、イルカ漁は動物愛護団体の攻撃の標的になっている。そして2000年以後のことであるが、波紋は水族館にも及んだ。

世界動物園水族館協会（WAZA）が、和歌山県太地町で行われている追い込み漁で捕獲したイルカの購入を禁止しれなければ、日本動物園水族館協会（JAZA）を会員資格停止にするという通知があった。動物愛護団体から「イルカの追い込み漁は残酷だ」と突き付けられたことでWAZAはそのような対応をとった。

もしJAZAがWAZAの会員資格の停止となれば動物園、水族館において海外からの希少種が入手できなくなるという恐れがある。そのこともあり、WAZA離脱派よりも購入禁止派が会員の中で上回ったことにより、JAZAは追い込み漁で捕獲したイルカの購入を禁止せざるを得なくなった。JAZAの会員は動物園の方が多く、水族館のなかでもイルカ飼育を行っていない水族館もあることから、そのような結果になったようである。

ただ、日本では、独自にイルカを繁殖させるだけのノウハウを持っている水族館が少ない。あとはイルカを飼育する水族館の間で協力し合って自持ちのイルカで繁殖させる努力をするしかないが、それだって簡単ではない。そのことから追い込み漁で捕獲した

イルカを購入するためにJAZAから脱退する水族館が出ている。

　これは、あくまで、鯨類やイルカに関わる話だが、こうした流れは他の魚種や生き物にも拡大する可能性は否めない。水族館は環境教育・環境保全のためにあるという大義ですら否定する意見も強まっている。

　こうした世界的な動物愛護、動物福祉運動が強まる中で、反捕鯨国や反捕鯨思想を持つ人々たちから日本の水族館が非難されるのはどうしようもないが、この状況を我々がどう受け止めるかが肝要なのである。水族館の社会的存在とその価値が今どうなっているかである。

(5) おわりに

　最後に、これまでの議論を振り返り、筆者の考えを述べておきたい。日本の水族館は、黎明期においては水産振興との関わりが強く、魚を入手することにおいては未だに漁業との関係が強い。水産振興または漁業と、魚食文化は直結している。つまり、日本では水族館と魚食文化はつながっている。クロマグロ、マイワシ、タチウオなど庶民が食べる魚を見せる水族館も少なくないこともその理由である。

　しかし、そのことが、来館者にどれだけ意識されているかはわからない。むしろ、先に見たように、国民から魚食が消えつつあり、動物愛護・動物福祉運動が強まっていることを踏まえると、今日の水族館の置かれている状況は、魚食文化から切り離されているように思える。

　とはいえ、筆者は、水族館で魚を見ながら食のことを想像してほしいとは思わない。むしろ、来館者には、純粋に魚を楽しんでほしいし、学んでほしい。

　ただし、歴史の中には、そして舞台裏には魚食文化との関係があり、それこそが水族館の社会的存在の「土台」になっていることを意識してほしい。このことが、日本において、水族館の社会的価値を失わせない唯一の論理ではないかと思う。

おもな参考文献

鈴木克美：『ものと人間の文化史113　水族館』法政大学出版、2003年。
瀧端真理子：「日本の動物園・水族館は博物館ではないのか？－博物館法制定時までの
　　議論を中心に－」『追手門大学心理学部紀要』8巻、2014年、33-51頁。
濱田武士：『魚と日本人　食と職の経済学』岩波新書、2016年。
山田紘祥：『デフレ不況下のレジャー産業―業種別経営動向』堂友館、2002年。

コラム10

「イルカの慰霊碑」

　日本では沿岸漁業のひとつとしてイルカ・クジラの漁が行われてきた。水族館にいるイルカは水族館内で繁殖した個体もいるが、この漁に由来するものが少なくない。日本沿岸のイルカ・クジラ漁は和歌山県太地や千葉県和田浦が有名だが、静岡県の伊豆でもかつては漁が盛んな時期があった。地域の人々の日常の中で漁の安全や豊漁を祈願したり、漁で獲られる命あるものを供養したりということが行われていた。海の恵みに感謝する気持ちと畏れの現れでもあった。鯨類に限らず、日本各地には動物の慰霊碑や供養塔などが数多く建てられている。神社や寺にあることもあるし、そうでない場所に建てられていることもある。

　2017年冬のある日、静岡県伊豆半島東岸の川奈にある海蔵寺を訪れる機会があった。津波が到来した地点を記録した石碑がいくつも続く急な石段を上っていくと、本堂手前の海が見通せる場所に石でできたイルカの供養塔があった。「海豚群霊供養塔」の文字が刻まれイルカの絵が彫刻してある。伊豆半島だけでもイルカの供養塔・慰霊碑は9基が現存しているそうだ。この地のイルカ漁が廃れて久しい。供養塔には生花があった。周囲はきれいに掃き清められていた。いまでも参る人があり、寺では毎日経があげられているのだろう。そっと手を合わせて寺を後にした。（錦織一臣）

Tide 5 「水族館と社会」のツアーを終えて

あゆ　人と魚の関係から見えてくるものもあるね。溝井先生のところで水族館の歴史をすでに学んでいたので、濱田先生の話の中心部分はなんとなく理解できたけど、私には少し難しかったかな。水族館って博物館の一種だったんだ。そういわれるとそうかもね。大学の講義で「水族館・動物園の社会学」なんてあってもよさそう。

Tide 5 水族館と社会

さより 聞いていてふと思ったのは、たしかに東京って魚屋さんがなくなっているわね。東京を歩いていてもほとんど見かけない。東京の人はどこで魚を買うのかしら。まさか通販？

ふく 私が子どもの頃にはふつうにあった町の魚屋さんは東京の都心部では絶滅寸前かもしれません。多くの人はスーパーの鮮魚売場などで魚を購入しているのではないでしょうか。デパートの地下の食品売場でも産地直送の魚介類を扱っていますね。

あゆ 東京都内だけど、うちの近所に魚屋さんはないです。これまでの人生で、魚屋さんで魚を買った記憶も、う〜ん、ないなあ。肉屋さんでお肉を買ったことはあるけど。魚より先に魚屋さんが絶滅ってなんかコワ〜。

さより テレビのバラエティ番組でアイドルの女の子が料理にチャレンジしていて、アジフライをつくってといわれて、用意された食材からアジでなくて大きなサバを選んでたいへんな状態に開いてパン粉付けずに素揚げにしてたけれど、魚を丸ごとの状態から調理するのって、もしかしてすでに稀なことなのかしら。

ひらまさ これは仕事にも役立つ大人のための水族館ガイドですね。ぼくはそう思いました。日本経済の発展史の中で博物館との関係やレジャーの発展類型から水族館の立ち位置を客観視している。都市空間の中の水族館の存在の意味を理解していて、かつ業界の外にいる人でないと分析しにくいことが他にもありそうです。水族館のアイデンティティって何かなと考えてしまいました。

あゆ 水族館には都会に溶け込んでいるとこもあるよね。高層ビルとかの中にあったりするし。動物園は無理でしょ。デパートの屋上にゾウとかいないし。でも動物園と水族館の違いはやっぱり動物の種類じゃないかな。

さより あら、昭和の頃は東京のデパートの屋上にゾウさんはいましたよ。

あゆ え〜!? さすが昭和！

さより 動物園にはだれでも知っているようなスター動物っているけど、例えばゾウさんの他にも、キリンとかゴリラとか。水族館ってどうなのでしょうね。アシカとか水にも入る哺乳類は動物園にもいるでしょ。それ以外の動物だと何かいるかしら。

あゆ 水族館にも人気者はたくさんいるよ〜。みんなが知ってて大好きなハンドウイルカでしょう。それに白くてつるんとしてるベルーガとかパンダみたいに白黒のイロワケイルカとか〜。

ひらまさ みんなイルカじゃないですか！

あゆ しょうがないよ。イルカはかわいいし。「かわいい」は最強なんだよ。あと、チンアナゴとかクラゲとか。マグロも人気。マンボウなんかも子どもは大騒

	ぎ。見るとゼッタイ「マンボウ！マンボウ！」っていうね。きれいなサンゴ礁の魚も昔からいるし。ニモでしょ、ドリーでしょ。
ふく	カクレクマノミとナンヨウハギのことですね。
さより	そうねえ。でもなんていうか顔が見えないっていうか、言葉はおかしいかもしれないけれど、一人ひとりに個性はないような。名前のついているアニメのキャラクターは別にして。人気がある種類の動物が水族館にもいるのはわかるけど、もう死んでしまった井の頭自然文化園（東京都）のゾウのはな子さんとかとは明らかに違う気がするのよねえ。
ひらまさ	たしかにそうですね。濱田先生の話にあったように水産資源としての見方や漁業との関係も私たちの思考の背景にあるような気がします。動物といっても対象がある特定の個体なのか、それとも動物種なのかで私たちの感じ方が違うのではないでしょうか。
あゆ	名前のあるなしで思い入れが違うっていうのはあると思う。名前がつくと食べられないよ。たくさん漂っているクラゲのぷかぷかにはすっごく癒されるし、マグロの群れがぐるんぐるん泳いでいると感動するけど1匹に思い入れがあるわけじゃあないかな。
ふく	飼う側からすると動物園には野生動物を飼うことにある種の後ろめたさやためらいのようなものが多かれ少なかれあります。でも水族館で魚やカニを飼うことに対してはあまり感じない。魚を食べるなど利用してよいという意識があります。日本では水族館から帰るときに、「たくさん魚を見たら、新鮮なネタのお寿司食べにいきたくなった」というような話をしているお客さまはふつうにみかけますが、動物園で動物をみて、「あ〜、おいしそうだった。血の滴るステーキを食べたくなった」というお客さまはほとんど見かけないですね。このあたりの差はあるのかもしれません。
あゆ	そうそう。ああ、お寿司たべた〜い。大トロより中トロ。ウニ艦隊待ってるよー！
さより	赤貝もいいわね。イクラも。私、最近はさび抜きなの。
ひらまさ	冬の季節だとカンパチとブリもおいしいですよ。おすすめです。ぼくが食べると共食いスレスレですが。
ふく	そういう方向に行きましたか。この話は深掘りするとけっこう奥深いのですが…。
あゆ	掘るより食べるだよ。水族館はそこがいいとこなんだよ〜。あっけらかんとして。動物園って景色は明るいけど暗闇をどこかに抱えていそう。水族館は薄暗い場所が多いけどなんか清々しい。それは食べることをきっぱり肯定しているから。生きることは食べることだよ。水族館は食にあり！

Tide 6

水族館と環境

ふく　Tide5のあとでは、お寿司食べたい！みたいな話になりましたね。ここでは食と環境問題と水族館の関わりについて扱います。人の活動が自然へ大きな影響を与えるようになったこと、生きものの生息環境にもダメージを与えていること、水族館ができる保全活動などについて、これまでもところどころでふれてきました。ここでは「環境水族館」を標榜する福島県いわき市の水族館、アクアマリンふくしまの薦田章さんに登場してもらいましょう。アクアマリンふくしまはかなり踏み込んだというか先進的な取り組みをいくつも行っている水族館です。

さより　私の地元の水族館なの。館長さんが個性的でねえ。何度も行っていますよ。東日本大震災の復興のシンボルでもありますね。

食と環境問題と水族館
案内役：薦田 章（ふくしま海洋科学館アクアマリンふくしま）

6.1　さかなを食べる水族館

　大人のための水族館ガイドの題名から「さかなを食べる水族館」を連想して紹介するのは難しい。学術・哲学的となれば難しい文章が並ぶが、ここでは楽しめるようにしたい。

　2017年4月現在、日本動物園水族館協会に加盟している水族館は60園館である。狭い日本にこれだけの多くの水族館が存在するのは、魅力的な施設なのであろう。私は、各水族館の展示・研究・資料の保護や保全・社会教育活動の資質は、各国および地域の文化度をはかるバロメーターであると信じている。高度成長の中国はすでに100以上の水族館がある。ますます進化していくだろう。現在の水族館としての役割は、多種多様であるが、教育、研究や希少種の保存・保全、レクレーションである。また水槽という水の固まりは癒しの場所でもある。そこでは、多くの人々が「可愛い」、「きれい」そして「ぬくもり」を感じて、水生の多種多様な生物をアクリルガラス越しに垣間見ることができる。最近の水族館情勢を振り返ると、独自性を求めながらもどこも同じような水槽と魚が鎮座して、展示の手法は相違するが、金太郎飴のように感じるのである。タッ

チプールの人気はその典型で水族館の定番でもある。ITの発展とともにアナログからデジタルとなり、即座に情報がインターネットで繋がる。ましてやそのスピードはすさまじい。まだまだ発展しそうだ。これまでの水族館の存在から脱却して水族館で「食育」を展開するのは、次世代における水族館の存在価値を占う挑戦でもある。

　さて、魚を食べるには、殺生からはじまることになる。昨今の世情を考えるとモヤモヤする。哲学や環境教育など難しい書物も多くある。ここでは、深入りしないで、しかし軽くならず「大人も楽しめる水族館」として答えを探してみようと思う。宗教にまったく関心のない私でも、命を頂戴すると説法のようで哲学になる。そのモヤモヤを水族館で解決するのが、食べてみること。そして美味しいと感じること。まずは実践中のアクアマリンふくしまの取り組みを紹介しよう。

(1) 水族館の釣り堀

　「釣れたー釣れたー釣れたー」と歓声が上がる。竹竿が曲がる。子どもの瞳が輝く。アジが釣れた瞬間である（写真6.1）。手に握る活きたアジは、体表の粘膜と魚の全身が振動する。生命力を感じる瞬間でもある。近頃、子どもはゲーム三昧で自然の躍動感を体験する場所が皆無である。疑似体験ばかりでは、本物の経験をすることができない。

　アクアマリンふくしまでは、現実の自然観と本物の命を格闘することができる。釣れた魚は、自らが包丁を握り、さばいて唐揚げに。そして、「命をいただきます」と口にほおばる。

　潮風に吹かれながら食べるアジの唐揚げは、美味しい。それは、人と人との協働作業と料理するまでのプロセスをお互いに会話する結果において美味しいと感じるのであ

写真 6.1　水族館での釣り体験

Tide 6　水族館と環境

る。

　ジャンクフード世代は、注文して数分でできあがる、またはコンビニ弁当を電子レンジで「チーン」して食べるという習慣からすると理解できないかもしれない。台所にまな板や包丁もない家庭もあるとか。人としての生活が成り立っていないのではないだろうかと思いたくもなる。「食べる」という行為は、多くの困難の上に成立する。だからありがたく「いただきます」「ごちそうさま」となるのである。やはり説教のようになる。ただ、人間本来の遺伝子には、捕まえて、調理して、食べるというプロセスが刷り込まれているはずだ。そして食べるという苦労が報われることは人間本来の生活でもある。

　幼少期の体験は重要である。海・川・山を駆けめぐり自然体験が豊富であれば、昨今の残虐な殺人事件も減らすことができるかもしれない。水族館の釣り堀は、命をいただく意味、命の尊さを実感してもらう子どもたちの「命の教育」の場でもある。

　さて、大人も楽しめるか？というと、釣り体験は意外に楽しんでいる大人の方々が多い。

　家族連れのお父さんは、父親の威厳を保つため釣り糸を垂れる。普段はだらしない「おやじ」から豹変して浮子を真剣に見る目は子どもには新鮮である。竿が折れるほどの大物が釣れると、家族から羨望のまなざしを受けて父親の地位向上は間違いない。おそらく１か月くらいは大物釣りの話題で家族団らんを楽しめる。水族館の釣り堀は、家族における序列の低いお父さんが優越感に浸れて、威厳ある父親のプライドを保てる場所でもある。ところで、昔は、世の中の怖いモノ順位として「地震・雷・火事・親父」とオヤジは怖くて威厳があった。大人のための水族館においては、釣り堀で父親の地位向上にチャレンジしてほしい。

　釣り堀はまだまだ大人も楽しめる。はじめて釣りをする大人も多い。まずは餌の甲殻類の一種であるオキアミを釣り針に取り付けるところからはじまる。ともに手に取り合う協働作業だ。友人やカップルは、時を忘れて過ごすことは間違いない。なにより釣りは、人格がすぐわかる。釣り糸を垂れて浮子を見つめる仕草から「優しい性格か？」、餌の扱い方から「誠実か？」、釣り上げた魚の扱い方から「聡明か？」と人間の本性が現れる。一挙一動のチェックポイントは他にもたくさんある。釣った魚をその場で捌く(さば)こと。手先が器用な方がよい。そして流れ作業のようにいっしょに唐揚げを食べることになる。食べ方も紳士淑女のたしなみである。これにより恋人の彼氏、彼女の性格を見定めるにはよい機会である。併せて釣果は、人の持つ運や狩猟能力の結果だからダメ男の判定にはパーフェクトである。相手選びに迷ったらまずは、水族館で釣りである。これからの男性は釣りの腕前を上げておくことをお薦めする。

　「食育」という言葉が脚光を浴びている。ここ数十年で食生活は激変した。なによりコンビニが町のあらゆる所にある。名前の通り簡単に食料や生活用品が手に入る。大手

スーパーでは切り身でしか販売していない。このような状況なら1匹丸ごと調理なんて未体験のチャレンジである。水族館の釣り堀は、まな板から包丁、お皿まで準備万端なので、日頃多忙な社会人が贅沢な時を過ごすことができる大人の場所でもある。熟成した社会に慣れて個人の権利が尊重される中、魚を釣って食べるという協働作業が懐かしく、そして魚が新鮮なことがキーポイントである。アクアマリンふくしまの水族館は、大人も狩猟本能を発揮して楽しめる場所でもある。

(2) 活魚水槽と番屋

水族館の展示水槽を観覧するお客さまから、「この魚美味しそう」と聞こえることがある。それと対照的にお寿司屋さんが生きのよい魚を蓄養するための活魚水槽がある。感情や倫理も含め線引きは難しい。ただ、水槽の中のサカナを選んで調理して食べる。新鮮で美味しい。形状は違うがどちらも水槽の中に魚が泳ぐ。

韓国釜山の魚市場を見たことがある。韓国語は、まったく駄目であるが威勢のよい声が響く。おそらく、「美味しいよ」といっているかもしれない。水槽ではきれいに並ぶエビや活魚たち。日本語で「これが食べたい」と指で示すと「サー」と網で取り上げて、素早く三枚おろしになる。海鮮市場の食堂は楽しく、そして美味しい。そうなると水族館でもチャレンジである（写真6.2）。

アクアマリンふくしまは、震災前の2010年4月1日に近隣の魚市場を利用して「アクアマリンうおのぞき子ども漁業博物館」を開館した。持続可能な漁業への貢献を目指して、コンパクトで柔軟な展示活動が展開できるように設計された。海洋文化展示の強化を含みながら漁業の伝統が継承され、地域が活性化していくことを主眼にしている。

写真6.2 韓国釜山の海鮮市場

Tide 6 水族館と環境

　私はこの施設がお気に入りだった。市場の魚の水揚げが目の前で展開されて、なにより地元の漁師さんたちが、雑魚をたくさん持って寄付していただいた。そこから飼育技術者と交流がはじまる。この漁業博物館は昔の番屋が存在した。そこでは「漁師の語り部」がある。顔が鈍色に光る老齢の漁師さんたちの昔話は興味深い。「大漁旗をなびかせて～大いに飲んで騒いだ」「大きなマグロを釣り上げた」「この漁法と漁具で連日大漁だった」など武勇伝が止まらない。昔は各漁港に番屋があった。そこは漁の情報交換の場であり、伝統を継承する場でもある。なにより番屋は漁業調整と漁業作業の安全・安心対策の協議がされていたと思う。このあとに漁業資源管理についての記述があるが、関係機関が持続可能な漁業の発展のためにあらゆる手法を提案している。まず管理型漁業に移行するには、立派な会議室や法律より番屋の機能の復活が必要である。

　残念ながらアクアマリンうおのぞき子ども漁業博物館は、2011年の大地震による津波で被災した。多くの支援を受けて復活したが、入館者が復活せずにアクアマリンふくしま本館の一部に展示移転を余儀なくされた。その移転先の本館では、海鮮市場でおなじみの階段水槽から囲炉裏の炭火焼き、そして漁具の展示などが楽しめる。

　階段水槽には、サザエにホタテ貝、そしてイセエビまで水槽に並ぶ。お客様は、海鮮市場と同じように好みの食材を選ぶ。次に炭火の柔らかい火種がある囲炉裏テーブルの空間に移動する。そこで自ら調理する。炭火焼きの網の上で香ばしい味と風味が食欲をそそる。人間らしい五感を楽しめる。調理のレシピと焼き加減の講義は、ボランティアの皆さんが支援していただける。さわやかな潮風に吹かれながら食べるサザエの内臓は、海の恵みの海藻が詰まって絶品である。

　水族館の活魚水槽は、単なる食べるための蓄養水槽ではない。水産業や漁業の持続的な発展のメッセージである。そして、大人から子どもまで集客力のある水族館にける情報発信は、「将来漁師になりたい」と思えるような次世代の子どもたちへの試金石でもある。

(3) 漁師と水族館

　まだ朝日が昇らない冷えた空気の中、吐く息が白い。定置網漁業の漁船に同乗する水族館職員がいる。水族館の展示水槽の魚の収集するのは、漁船に乗船して、漁師さんからお裾分けをいただく収集も多い。水族館の職員が狙うのは、ほとんどが水産物として値段の付かない小さな魚や雑魚が多い。迷惑を承知で頻繁に定置網に通うようになると、良い意味で漁師さんと懇意になる。水族館の飼育係は、漁師さんと信頼関係が築けなければ仕事にならない。

　荒波激しい冬の日本海の定置網採集で、たき火を囲んで出航を待った。漁が終わって漁獲物の仕分けをしていると、雑魚のヌタウナギが数匹あった。飼育係には厄介者で触れるとおびただしい粘液を出すので、触りたくもない。それがたき火の中に放り込まれ

た。体をくねらせる姿を直視する。少々心苦しい。数分後ほどで加減良く焼き上がると「食べろよ」とお裾分けをいただく。かじかんだ手で掴んでおそるおそる口の中へ。なんとも香ばしくて、海水の的確な塩加減で、歯ごたえもよい絶品である。ウナギより美味しかった。

　水族館が水産物の紹介をすることは、意義深い。特に水産物として扱われていない雑魚を対象にするべきである。各都道府県の水産試験場は、役所の「しきたり」もあるので前例踏襲の水産物が調査研究を対象となることが多い。そこで水族館はニッチな部分の雑魚を調査研究、展示飼育の対象にして大いに挑戦したい。なぜならば、水族館は、雑魚が大好きだからである。ここ十数年は、大型水族館やリゾート風の水族館が神出鬼没のごとく新築されている。そして多くの入館者が来場してずいぶん商売上手になった。集客力があるので民間企業もつぎつぎ参入してまるで商社のようだ。ところが水族館の歴史を紐解くと、昔の水族館は、海に近い場所にこっそり潜んでいることが多く地元で捕獲された雑魚を紹介していた。もちろん予算は少ないし、貧乏で展示する魚の調達にお金をかけないようにしていた。ともなれば雑魚の扱いが、上手なのが水族館である。これからは美味しい雑魚を主役にするために、水族館の飼育係が展示水槽の舞台装置を考えて、食べてみて美味しいを伝えることである。そして、新しい水産物のスターが登場すれば、迷惑をかけてきた漁師さんへ恩返しも可能である。

(4) ハッピーオーシャンズ　Happy Oceans

　タンパク源として水産物の重要性と先進国の健康志向で魚介類の消費量は年々増加傾向である。反して日本は水産物の消費量は減少傾向にある。加えて冷凍保管技術の発達で、海外より単価の安い輸入水産物が増えることにより日本の漁業者の収入確保が問題になる。生活するためには多くの魚を漁獲しなければならないのである。日本は四方を海洋に囲まれた豊かな資源がある。これからの漁業について現状を理解してどのように消費していくかを考えなければならない。

　海外では持続可能な水産資源を維持するために適切な漁業管理を行う国々がある。禁漁区域および禁漁期の設定や漁法の制限を実施する手法がひとつである。他には総漁獲可能量（TAC）という漁獲量を制限する制度がある。TACは、ノルウェーやアメリカなどの海外で効果的である制度として数十種から600種がTAC制度の対象となる。日本はどうかというと、マアジ、サバ類、マイワシ、スケトウダラ、サンマ、ズワイガニ、スルメイカの7種が対象種である。また全体総漁獲量のみを決める方法から漁船ごとに漁獲量を決める試みも開始された。水産資源を有効利用するためには、その現状を知ることが必要である。関係機関が生息状況や魚の生態、資源量、そして海洋環境の変化などを科学的に調査している。この調査結果を踏まえて「若魚は十分に成長させてから」、「繁殖時期を避ける」など生息数に対して獲り過ぎないように対策することである。海

は全世界に繋がっているので、世界に400以上あるグローバルな水族館の連携から情報発信することは大いに有意義である。水族館が海の生物を紹介する以外に、人々に環境問題や水産物の持続的な利用の可能性について活動をしている事例を紹介しよう。

シーフードウオッチ　Monterey Bay Aquarium Seafood watch

アメリカのモントレー湾水族館は、資源量が多く安定した供給がされて海洋環境に配慮された方法で生産された水産物の消費を促すために、世界各国の論文を分析して水産物を「推奨品」「賢明な選択」「なるべく選択しない」の3つに仕分けたリストを作成している。この情報を広く知らせるためにポケットガイドを作成して水族館や街中で配布している。地域や漁法なども細かく仕分けて水産資源の状況を示している。

リストの種類は、（モントレー湾水族館シーフードウオッチより抜粋）

Best Choices

アマエビ（米国西海岸とカナダ）、アワビ（養殖）、ビンナガ（トロール、一本釣り）、エビ・淡水エビ（カナダと米国）、エビ（米国養殖と米国西海岸）、ギンダラ（カナダ養殖と米国西海岸）、ヒラマサ（メキシコと米国釣り）、イクラ（米国西海岸とニュージーランド）、イワナ（養殖）、ティラピア（カナダ、エクアドル、米国）、カニ（米国西海岸）、カツオ（太平洋トロール、一本釣り）、海苔（養殖）、サバ（大西洋サバ、カナダ）、サケ（米国西海岸とニュージーランド）、サワラ（アメリカ）、スズキ（アメリカ釣り、養殖）ウニ（カナダ）、ズワイガニ（米国西海岸）

Good alternative

アマエビ（米国西海岸）、ビンナガ（米国 はえ縄）、エビ（カナダ＆米国の天然、エクアドルとホンジュラスの養殖）、ギンダラ（カナダ天然）、ヒラマサ（米国の刺し網）、ホタテ（天然）、ティラピア（中国、インドネシア、メキシコ、台湾）、カニ（カナダ＆米国）、カニカマ（カナダ はえ縄、米国 刺し網）、カツオ（天然、輸入トロール、はえ縄、そして米国のはえ縄）、タイ（ニュージーランド）、キハダ（天然、太平洋＆インド洋トロール、はえ縄）、サバ／大西洋サバ（米国）、タコ（ポルトガル＆スペインかご漁）、ウニ（米国西海岸）

Avoid

アワビ／アワビ（中国、日本）、ビンナガ（トロール、一本釣り、そしてアメリカのはえ縄）、ブリ（オーストラリアと日本の養殖）、エビ（輸入品）、クロマグロ、イワシ（地中海）、ティラピア（コロンビア）、カニ（アジア＆ロシア）、カニカマ（カナダのトロール）、カツオ（輸入）、クロマグロ、キハダ（アトランティックトロール、一本釣り）、サケ（養殖）、タコ（ポルトガルメキシコのスペイントロール）、ウナギ、ウニ（米国北部）

オーシャンワイズ Vancouver Aquarium Ocean Wise

カナダのバンクーバー水族館が最新の科学的データから持続可能な水産物として認め

たものの証となるシンボルマークを作りました。これをレストラン、市場、食品産業に働きかけて消費者が海洋環境に優しい水産物を選択する取り組みをしている。

ハッピーオーシャンズ　Aquamarine Fukushima Happy Oceans

　アクアマリンふくしまは、水産庁の資源量調査の結果をもとに水産資源を3つに区分して信号標識の「赤信号は、大事に食べよう」「黄信号は食べよう」「青信号は、すすんで食べよう」として資源量の状況を判断できるガイドブックを作成している。水族館大水槽の名前は「潮目の海」と命名されたことから、寿司処「潮目の海」という名前の寿司店をオープンして、そこから水産資源を持続可能に漁獲することの重要性を水族館から発信している。大水槽のテーマは、食物連鎖である。そこではイワシとカツオが太陽光を浴びて、自然の摂理を織りなす生き様がある。ちなみにカツオは青信号でこのハッピーオーシャンズのシンボルでもある。アクアマリンふくしまでは、大水槽の前でお寿司を食べることで「命をいただく」ことも実感できる。併せて水族館の中にあるレストランでは青信号と黄色信号を使った料理を提供する取り組みをしている。

　せっかくの機会なので青黄赤色の魚の種類を紹介しよう。（アクアマリンふくしまHappy Oceans より抜粋）

　青信号は、マダイ（天然のみ。多くの産地で減少。太平洋北部では安定）、ブリ（天然・養殖。養殖用天然種苗を獲る漁が減少した結果全国で増加）、スズキ（東京湾、大阪湾、瀬戸内海、浜名湖、中海、宍道湖をはじめいずれも増加中）、マダラ（天然、北太平洋および日本海を北部を中心に増加）、ゴマサバ（天然、マサバとの資源交代魚種。現在はゴマサバが優勢）、ヒラメ（天然・養殖。太平洋北部では増加。他では減少）、アオリイカ（天然。温暖化に伴い分布域を拡大。高級魚種）、カツオ（天然。分布域が太平洋の広域で安定。春・秋群とも日本の風物的魚種）、クロダイ（天然、全国的に増加傾向）、サワラ（天然。日本海を中心に増加傾向。温暖化で北上）、メカジキ（天然のみ。量的には少ないが北太平洋北部から南方にかけて資源は安定）、ホッコクアカエビ（天然。日本海から北海道にかけて分布が広く安定。アマエビ）、ホタテガイ（天然・養殖。北方を中心に養殖も盛んであり価格が低位安定）。

　黄信号は、ベニズワイガニ（天然。日本海を中心に減少傾向。ズワイガニの近似種で深海性）、シロザケ（天然、放流。東日本大震災によりふ化場からの放流数が激減したが、回帰は順調）、コノシロ（寿司ダネとして幼魚をシンコ・コハダと呼び重要）、アサリ（天然・放流。漁獲量は安定しているが、沿岸地域開発による干潟等生息域の減少により減っている）ヤマトシジミ（天然・放流。沿岸域開発による汽水域の減少により減少傾向）、サンマ（天然。北太平洋から北海道にかけて減少。鮮度管理・流通経路が発達している主要魚種）、カタクチイワシ（横ばい状態で安定。マイワシの資源交代魚種。稚魚から成魚まですべて利用）、マアジ（天然。一部養殖。日本の食生活の中で最もポピュラーな魚種のひとつ）、ウニ（天然・養殖。温暖化や藻食魚種によって磯焼けが進み、地域

Tide 6 水族館と環境

によっては減少傾向）、メバル（天然のみ。海藻帯の減少により生息域が減少。量は少ないが安定）、カサゴ（天然のみ。量は少ないが安定）、ケガニ（天然・養殖。国産は量的には少ないが安定。高級魚種）、クルマエビ（天然・養殖。天然は減少。養殖は多く価格も安定）、ハマグリ（天然・放流。漁獲量は安定しているが、沿岸域開発により干潟等生息域が減少し漁場が減っている）、ズワイガニ（天然のみ。太平洋では少なく、減少。日本海の富山県以西は安定）、マコガレイ（天然のみ。多くの産地で減少、太平洋北部では安定。夏場の寿司ダネとして重要）、スルメイカ（天然。産卵期が2回あり、冬減少、秋、安定。代表的なイカ。輸入量も多い）、カワハギ（天然・養殖。量は少ないが安定。養殖は少ない）、マイワシ（天然。カタクチイワシとの資源交代魚種。近年回復傾向。稚魚から成魚まですべて利用）、マアナゴ（天然のみ。数年周期で増減。寿司・天ぷらダネとして重要）、キハダ（天然のみ。量的には少ないが資源は安定。巻き網漁による小型魚の多獲に懸念有り）、コウイカ（天然のみ。東京湾、大阪湾、瀬戸内海で安定。小型のものは寿司ダネとして安定）、マゴチ（天然のみ。年変動が大きく量的には少ないが安定。寿司ダネとして重要）、ホウボウ（天然のみ。年変動が大きく量的には少ないが安定。寿司ダネとして重要）、カンパチ（天然・養殖。量的には少なく天然は貴重。養殖は生産過剰）、ビンナガ（天然のみ。北方系の脂の乗ったものは減少傾向。南方では安定）

　赤信号は、クロマグロ（天然・蓄養。寿司ダネの重要魚種。蓄養の供給が増えているが、種苗として小型の漁獲に懸念有り）、ホッケ（天然のみ。干物として重要な北方魚種。多くは輸入となっている。）、スケトウダラ（天然のみ。北方を中心に回復傾向。）シャコ（天然のみ。伊勢・三河湾を中心に安定）、アカムツ（天然のみ。太平洋・東シナ海・日本海、いずれにおいても元来希少種。高級魚）、トラフグ（天然・養殖。天然は減少。養殖もあるが、価格は下落傾向。高級魚）、マサバ（天然・一部蓄養。マアジと並ぶ日本の代表魚種。ゴマサバとの資源交代魚種であり現在は劣勢）、タチウオ（天然のみ。量が少なく、減少傾向にあるが、価格が高値で安定）ニホンウナギ（天然・養殖。河川を遡上する養殖用稚魚が減少。環境変動影響の可能性あり。価格上昇傾向）である。

　区分の種類は異論もあるだろうが水産資源の持続的な利用を考える機会を美味しいという味覚からのメッセージは力強い。展示している魚の水産資源について情報提供することもできる。漁師さんが懸命に漁獲した魚介類が食卓まで届くには、市場からいくつもの人の手が介在する。世界には400館以上の水族館があり、消費者へ水産資源の有効活用を発信すれば大きな力になる。

6.2 環境水族館メッセージ

(1) 環境水族館宣言

　ふくしま海洋科学館・アクアマリンふくしまは、開館3周年を記念して「海を通して人と地球の未来を考える」の理念のもとに環境水族館宣言をした。

1．子供たちが「自然の扉」を開く体験的学習の場として充実させ、環境に優しい次世代の育成を目指します。
2．生物にとってすみやすく、すべての年代の人々が安らぎを感じることのできる理想の環境展示をつくりだします。
3．里地・里山、海岸など身近な自然環境の修復、再生、持続的利用について市民と協働し、保全活動を支援します。
4．絶滅が危惧される動植物の繁殖育成の研究にとりくみ、地域の保全センターとしての役割を果たします。
5．世界動物園水族館協会の会員施設として、グローバルな情報を発信し、世界の保全活動と連携します。

　水族館の歴史を顧みると、「珍しい生物を展示する見世物小屋」から「生きた資料を展示する博物館」へ推移してきた。近年は「生物の生態をありのまま再現する生態展示の水族館」に変貌しているようだ。さて次世代の水族館の役割は、環境である。環境水族館宣言は、理念である「地球の未来を考える」を強化したものである。

　開館以来、展示テーマである生物進化の調査研究のひとつにシーラカンスがある。太古の形質を残しているシーラカンスは、かつて魚類が両生類から陸上へ進化する形跡を

写真 6.3　シーラカンスの消化管から出てきたもの

Tide 6 水族館と環境

残して、水深 200 m 付近の海底に現存する。シーラカンスは、小魚などを食べるが、動きが遅いため海底付近をゆっくりと定位しながら、まるで飛行船のように漂流する。そして餌が目の前を通り過ぎると一瞬に飲み込む。2011 年 7 月 21 日にインドネシアで捕獲された個体を解剖したら胃の中からお菓子の袋が出てきました（写真 6.3）。餌と混同して食べたようである。プラスチック製品は海に捨てられると分解することなく海底に沈むために、太古の世界から静かに生き続けているシーラカンスのような生き物にも影響を与えている。

　水族館の調査研究が現在の環境保全に協力して大きなメッセージになることも期待したい。

　それぞれの水族館には理念がある。それにどのように対峙するか。理念、文化、そしてシナリオは、水族館の存在意義を自問自答する大きな命題である。

(2) 食物連鎖と水槽展示

　アクアマリンふくしまにはイワシとカツオの群れを組み合わせた食物連鎖の水槽展示がある（写真 6.4）。展示水槽の前でしばらく座っているとカツオがイワシの群れを襲う実態が観察できる。イワシの群れは緊張感に包まれ、普段見ることはできないような素早い動きで丸形、菱形そして水槽全面に広がり多様な形に変貌する。まるで万華鏡である。いっぽう、カツオも必死で追いかけると興奮しているため普段はお目にかかれない横縞模様が現れる時がある。太陽光が差し込む紺碧の水槽で繰り広げる魚たちの生き様は、感動することができる。

　自然界では喰う喰われる関係は日常である。水槽の中で、ある程度の緊張感があるこ

写真 6.4　食物連鎖を考える潮目の大水槽

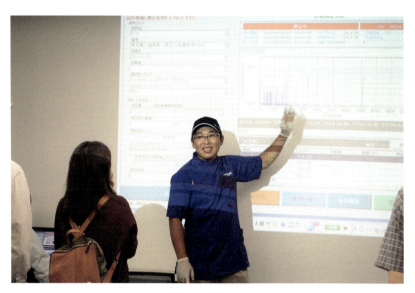

写真 6.5 調ベラボ

　当時、水族館周辺は、無法地帯で混乱した。津波で流された自家用車は、燃料が抜き取られ、車内の貴重品も盗難被害が続出した上に、数多くの盗賊が現れた。電気、水道も止まり、周辺のスーパーは食料品がなくなり、飲み水や生活する水さえ確保できずに困り果てた。その当時の日本政府が発信していた放射能への対策は、外出したら水で洗い流すこと。地震と津波で水道も出ない状況で、水を確保することは困難を極めた。現場を知らず、無知な情報を流す政府にむなしさを感じた。残念だが水族館は休館として再開を果たすべく準備に取りかかる。最大の難関は放射能だった。

　幸い地元のいわき市の明星大学に放射能の研究者がいた。スキルの高い獣医師と放射能や放射線についてレクチャーを受けた。ほどなく石川県に所在する金沢大学環日本海域環境センター低レベル放射能実験施設と共同研究をはじめた。この施設は 1976 年に開所して大気圏内核実験やチェルノブイリ原発事故の環境に対する影響を調査してきた実績がある。非常に低い濃度の放射性物質を測定することにおいては日本屈指の研究機関である。その共同研究の成果はいまアクアマリンふくしまでの「地球環境の保全活動」のコーナーで展示資料として知ることができる。調査の結果、福島県小名浜は放射能の影響が少なく震災から半年で水族館は再開を果たした。

　震災から 7 年を経過した現在では原発事故による海洋の汚染は低減し、多くの海洋生物の汚染は改善されている。しかし、多くの人が福島県で獲れる魚に対してまだ不安を持っている。「本当に食べられるのか？調査結果は正しいのか？釣った魚はどうなのか？」などの疑問に答えられるようアクアマリンふくしまでは、「調ベラボ（たべらぼ）」というイベントを毎月 1 回開催している。そこでは、福島県で漁獲される魚をみなさまの前で捌いて、その場で放射性物質を測定する。そのことにより現在の福島沿岸の魚

Tide 6　水族館と環境

　介類の安全性を理解していただくことである。現在は、原発事故を受けて福島県の漁業は操業自粛を余儀なくされているが、事故から7年が経過して福島県で獲れる多くの魚は安全が確認されるようになってきた。その疑問に答えられるように「調べラボ」を開催している。

　このアクアマリンふくしまという水族館の独自に行ってきた海洋生物の汚染調査の結果もふまえて、福島の海の現状を解説する。なによりスキルの高いアクアマリンふくしまの富原聖一獣医師は、このラボの解説者として、TVアナウンサー顔負けの饒舌さと包丁を握りながら巧みに魚を捌く姿は、人気者である。放射線測定の実演終了後は、ふくしまの海の幸を料理して潮風料理の香りが漂う水族館で食べることができる美味しいラボでもある。それにしても、魚を調理した塩出汁の味噌汁が館内に香る水族館も珍しい。

　「調べラボ」という解説をし、水族館周辺で釣れた魚の放射性物質量を測定している様子を実際に見て、信憑性のあるリアルな情報を発信している。

（3）環境水族館と放射能

　福島県から避難している子どもたちが「菌」と呼ばれている。放射能は細菌でもない。ウイルスでもない。感染することはない。これは、原発事故の影響を受けたアクアマリンふくしまの入館者数の減少と似ている。いわば風評被害は差別でもある。アクアマリンふくしまは、平成22年夏に約4ヶ月で再開を果たしたが、入館者数は復旧しないまま震災前の半分程度である。7年を経過しても現状は変わらない。震災前のデータと比較すると減少した来館者のほとんどが東京周辺のお客様である。要は菌と呼ばれる現象と同じである。各旅行会社に営業に出かけても表向きは、復興を支援します、というが実態はほとんどが福島県への旅行は消極的である。

　さて、環境水族館として放射線の科学的なデータの蓄積は必須である。収集した資料と情報は、展示を通して伝えることは責務である。水族館のある福島県小名浜は、放射線量が$0.04 \sim 0.08\ \mu sv$。東京都と線量は変わらない。ところが科学者が安全と訴えても、人の心は違う。それは人が持って生まれた防御反応と同じように思う。得体の知れないモノには誰もが恐怖がある。人々が生活する上で「安全」と「安心」はセットメニューである。そして原発事故による放射能汚染と戦争は、世界最大の環境破壊でもある。放射能については、『国立研究開発法人　水産総合研究センター叢書　福島第一原発事故による海と魚の放射能汚染』がわかりやすくて公平で参考になる。

　今回の東日本大震災は未曾有の出来事である。忘れたころに災害は起こるものである。冷静に対応するべきと教科書には書いてあるが、自然の威力に人は勝てない。

参考文献

安部義孝：『ふくしま海洋科学館　アクアマリン発　小さな水惑星からの発信』、歴史春秋社、2005 年。
安部義孝：『水族館をつくる　うおのぞきから環境展示へ』、成山堂書店、2011 年。
鈴木克美・西源二郎：『新版水族館学　水族館の発展に期待を込めて』、東海大学出版会、2010 年。

Tide 6 「水族館と環境」のツアーを終えて

ひらまさ　水族館で魚を釣って、さばいて調理して食べるって、ありなんですか？

あゆ　いいんじゃない。おいしそうだよ、アジのフライ。あ、また動物福祉のこととか難しく考えてる？

ひらまさ　いや、アジは食べていいとぼくも思います。ただ、なんというか…。

さより　動物園ではちょっとどうなのと思うかもしれないわね。でも水族館のアクアマリンふくしまでは命をいただくことをおいしく食べながら学べるような気がして、孫を連れていくこともあるわ。別料金じゃなければもっといいけど。

あゆ　ひらまささんは魚をさばいた経験はないの？

ひらまさ　はい、ありません。未経験です。必要も機会もありませんでしたので。それに都会で生活して仕事もしていると、そういう余裕とか興味もなかったですね。親からは殺生はできるだけしないように教わって育ちました。そういえば、家で熱帯魚を飼っていますが素手で生きた魚を持ったことがありません。触ると魚にダメージを与えるというのと、なんか触る対象として考えたことがないというか。

あゆ　うちはお父さんが釣りをするし、子どもの頃からよく釣りに連れていってもらったから、ふつうに釣って、当たり前のようにおいしく食べてたけどね。大学の友だちにも釣りガールけっこういるよ。この前はみんなではじめてアカムツにチャレンジしてなんと全員が極旨のノドグロ（アカムツの別名）をゲット！楽しいよ。みんなキャッチ＆イート派だね。釣って食べる。あ〜おいしかったなあ、また行きたい。

ひらまさ　釣りっておもしろいですか？

あゆ　おもしろいに決まってるじゃん。楽しい、おいしい、リフレッシュできるって、3拍子揃ってる。時々、釣れなくて悔しかったり悩んだりするのもいいスパイスかなあ。私はリールのメンテもけっこう好きだし。イシモチは、名前は海系なのにトラウトばっかりで困りもんなんだよね。まあ、マイクロス

Tide 6　水族館と環境

	プーンの釣りも深いけど。そうそう、トラウトの釣りでもキャッチ＆リリースするとき、魚に素手で触らないようにしてるね。あったかい乾いた手で触るとかなりダメージ受けるみたいなんだよ。
ふく	あの、すみません。釣り談義はどんどん深まりそうなので…。あと一点念のためですが、ここで出てきたアジは食べることを前提にしているもので展示水槽のものとは別になっています。水族館の水槽で通常展示している魚を食べるということはほとんどの水族館ではないと思います。飼育している魚は傷や病気の治療のために抗生剤などの薬剤を投与することもあって、食品としては利用できないこともありますね。
あゆ	ごめんなさい。ついつい釣りの話ばかりで…。
ふく	いえいえ、私も釣りをしますし好きなのでお話は楽しいのですが…。水族館と環境問題についてはどうですか？
さより	環境問題への取り組みについてはとても気になっています。シーラカンスのお腹からお菓子かなにかの袋が出てきた写真は衝撃的だし、地球温暖化とかも関心はあります。2011年の東日本大震災で原発事故を経験した福島に住んでいる身としては、放射能の問題と現状を水族館でも伝えてくれているのは頼もしい気持ちもあるわね。アクアマリンふくしま以外の水族館でも少しは伝えているのかしら。
ふく	一般論としての開発による環境破壊とか外来種の問題については多くの水族館で展示などによって伝えています。ただ、放射性物質の水圏への放出問題については、重大な原発事故のあった2011年以降もほとんどの水族館でふれていないのではないかと思います。
さより	難しい問題だし、いろいろと怖いのかもしれませんね。でも知らないことはもっと怖いと思うけど。憶測や噂ばかりで風評被害が続くのも困るし。
ひらまさ	遠くの問題より近くの問題にまずは取り組むっていうことでしょうか。地に足をつけた活動で。地域の海を再現した水槽のある水族館を多く見かけるようになりました。アクアマリンふくしまは同じ福島県にある東京電力の福島第一原発で重大な事故が起きたから必然性がある。他の地方の水族館は必然性がないから、とか。
あゆ	そうかなあ。海はつながっているみたいなこと水族館はいってるよね。すぐ近くの自然を破壊する大規模開発や海の放射能汚染には沈黙してるけど、外来種がこんなに悪いことしてるとか、遠い外国の動物が絶滅しそうだ大変だとかいうことは一生懸命いってたりするじゃん。まあ、水族館だけじゃないけど。外来種を叩いたって相手が反撃してきて水族館をつぶそうとかしてきたりはしないしね。みんな、そう。結局、ビビリなんだよ。

さより	まあねえ。水族館の人もまじめに精一杯のことをしているのだから…。
ふく	外来種については最終 Tide で少しふれることになると思います。目に見えない汚染・破壊より目に見える汚染・破壊の方が話はしやすいですし共感も得られやすいということはありますね。ただ、目に見えない汚染・破壊が目に見える汚染・破壊より深刻な事態を招くことも少なくないとは思っています。あゆさんの言葉はちょっと心にぐさっときました。
ひらまさ	たしかに。ぼくもかねてから不思議に思っていたことがあります。生きものが大好きな人たちが「外来種」っていうレッテルを貼った途端に、なぜあんなに冷たく割り切れるのだろうって。名もない小さな動物を本当に慈しむようにして優しい眼差しを向けるような人が、「外来種で害魚だ」ということだとその同じ人が先頭に立って殺すんです。澄んだ瞳で。漁業とは違います。殺す目的で殺す。外来種をやっつけることは正義だと確信できるから大丈夫なのか…。
さより	人は正義を背負うと冷酷になれるのよ。
あゆ	正義かあ〜。正義の反対って悪じゃなくて別の正義なのにね。私も知らないことにしておこうって、逃げていたこともあるから、ホントはエラそうなことはいえないんだけど。自分にできることで、批判するだけじゃなくて、がんばってる水族館を応援していこうと思います！
ひらまさ	同感です。嫌なことは嫌、いいことはいいといわないと伝わらないですからね。ぼくは嫌だとか、好きだとかいえずに 35 歳になってしまいましたが。
さより	コメントは控えましょうかねえ。

Tide 7

水族館のこれから

ふく さて、つぎは最後の Tide です。これまでの水族館のお話ではあまりふれていないことや、途中で話題になったことのいくつかを取り上げていきたいと思います。

さより もう終わり？なんだか名残惜しいような。

ひらまさ あれっ？！この Tide の講師はふく飼育課長とよく似ていますね。

あゆ 最初のうちは渚でちゃぷちゃぷ楽しんでいたらいつの間にか海底1万マイルにまで連れてこられたような感じ。水族館の世界もけっこう深いね。でも最後はサンゴの浅い暖かい海でゆったり過ごさせてくれるようなのがいいな。

ふく 最後はこれまでの各 Tide を踏まえてふつうにまとめと少しだけ水族館の未来に向けてのお話になると思います。

ひらまさ ふつうに、ですか。海の平均水温は4℃、平均水深は3800mといわれていますが…。

あゆ はい、冷たい光の届かない深海的な内容を覚悟しました。はじめてくださーい。

人とさかなと水族館の関係

案内役：錦織一臣（葛西臨海水族園）

　この最終 Tide ではこれまでの各 Tide を踏まえつつ、人とさかなと水族館の関係という視座から水族館の周辺領域と課題、可能性について話そう。それは自ずと水族館の未来を語ることになると思う。

7.1　人が水族館に求めるもの

　水族館といってもじつに多様である。各館のキャラクターや設立経緯・運営・経営母体の違いによって重点の置き方は異なるだろうが、現在の水族館の役割あるいは目的としているものは、娯楽、教育、生物の保全、調査・研究の4つといって間違いではない。しかし、人々がこれらのどれかを強く求めて来館するとは限らない。とにかく楽しみた

いというのであれば水族館ではない他の施設へ行くという選択の方が多いであろうし、環境教育を受けたくてしようがなくて水族館へ行くという人もいなくはないだろうが、そんなに多いとも思えない。訪れる人の多くはおそらくなんとなく水族館へ来ている。この「なんとなく」はアンケートをとっても顕在化しにくい。「なんとなく」の中身はなんだろうか。

(1) 水を見たい・浸りたい

大きな水の塊に包まれたい

　現在の水族館の生物展示を支える技術・設備は多岐にわたる。水族館の大型水槽による展示の実現はアクリルの製造・加工技術の進歩に負うところが大きい。巨大な透明のアクリル板の組み合わせによって、大きな魚やたくさんの魚の群れの迫力ある展示が可能になった。これは同時に人が大きな水の塊を感じることができるようになったことでもある。大人が水族館を訪れる動機はある特定の生きものを見るためだけではなく、圧倒的水の存在、大きな水の塊を感じたいということがあるのかもしれない。鳥羽水族館の元職員である中村元さんはこれを「水塊（すいかい）」と呼んでいる。数百ｔから千ｔを超えるような透明に近い青い大きな水の塊を実感できるところは水族館をおいてそうはない。大水槽とはいっても海や湖は比べようもなく広大で膨大な水を湛えているし、公園の池や水泳用のプールにも大量の水はあるのではと思うかもしれないが、そこでは水を塊として実感することはあまりないのではないだろうか。平面から水中を覗くのではなく、透明なガラスやアクリルによってあたかも海や湖から切り取られたかのような「大きな水」は、水族館という陸上空間のなかで立体の水の塊として実感できる存在となる。「大きな水」の存在を眼前に感じながら水を透過してきた揺らめく光に全身を包まれる。それは自然なことではなく、ある種の特別な感覚に違いない。

癒されたい

　いつの頃からだろうか、水族館が癒しや安らぎ、潤いを得られる場として認知されるようになったのは。私の子どもの頃、そう、今から40年くらい前の水族館は大いに好奇心を刺激してくれるところであった。けれども、暗くて、なんだかひんやりしていて、少し怖いような場所でもあったように記憶している。薄暗い廊下の壁に埋め込まれた、ほのかに光る水槽が点々と続くイメージ。子どものときの感じ方と大人になってからの感じ方はまったく同じというわけではないとは思うが、子どもの頃に行った同じ水族館に大人になってから行ってもそんなに印象は変わらなかった。もちろんどこの水族館もみなそうであるわけではないものの、癒しや安らぎの場としての機能のようなものは、その後に建設された水族館や大規模改修を経た水族館が、意図してか否かはわからないが、新たに備えたか強化したものであろう。

　クラゲなどの漂（ただよ）い系の生きものの水槽は癒されると感じる人が多いように思う。水

Tide 7　水族館のこれから

族館で解説をしている学芸員などの職員は、あれも見てほしい、これも見てほしい、ただ見るだけでなく、よく観察してほしい、観察の視点は…とつい欲張ってしまうが、水族館に癒しを求める人たちは一生懸命に観察して何かを発見したいわけではないし、少しでも多く学びたいわけでもないだろうと思う。それでは「もったいないなあ」と以前は思ったこともあったが、このごろではそうガツガツしないで「ぼぉ～」と見ていただくだけでも十分によいのではないかと思うようになった。そう、水族館や動物園は、「敷居は低く、窓口広く、奥行きは深く」が真骨頂である。水族館では生きている本物の生きものを感じ理解していただけるような様々な準備をしているが、どのように感じ楽しんでいただけるかは訪れていただいた方々次第である。水族館には多様な味わい方がある。楽しみ方は人それぞれでいい。大人も子どももみんな揃って同じように熱心に観察し、目をキラキラさせて生きものの素晴らしさに感動していたら、その方がおかしいし怖い。

青い色と薄暗い空間

　青色をイメージカラーにしている水族館は多い。私の勤務する葛西臨海水族園や本書の著者のひとりである薦田章さんのアクアマリンふくしまもそうであるし、国内の多くの水族館も青系の色を基調にしている。ヨーロッパやカナダなど海外の水族館を見ても同様である。なぜなのだろう。水は青く見えるからか。水槽内部の壁面部分などの背景色は青色でなくてもよいはずであるがこれらも多くが青系の色である。葛西臨海水族園には背景色が青色系でなはなく黄色系の水槽もある。そのような水槽では、どうしてこの水槽は青色ではなくて黄色なのですかと尋ねられることがある。背景が青色系の水槽では、どうして青色なのですかと尋ねられることはないのに。水族館を訪れる人もまた水族館の水槽は青色であるものと思っていることが少なくないようだ。水族館の印象を文字通り刷新しようとするなら、青色から脱却するのが手っ取り早いかもしれない。ただ、赤色や黄色を基調にした水族館というのはなんともイメージしにくい。

　陸上と水中では視界の範囲に大きな差がある。水中では遠くまで見通せない。ダイビングをした経験のある人なら実感できると思うが、どんなに水の透明度が高い水域でも50m以上離れた場所のものはよく見えない。その先は青、紺、藍色の世界に景色が溶けていく。内湾などの懸濁物（けんだくぶつ）やプランクトンの多い海では水の透明度はせいぜい数mくらいである。日中の陸上ではよほど大気汚染の進んだ場所であるか、砂嵐や霧・雪などがなければ視認可能な距離が50mに満たないということはほとんどない。陸上と水中では可視範囲が明らかに異なる。さらに水中では垂直方向の距離、すなわち水深の違いで感じる色が大きく変わってくる。水面から10～20mも潜ると日光の可視光線の内で青色以外は吸収されてしまう。陸上で鮮やかな赤色は黒っぽい地味な色に見える。人が入ることのできる日中の水中は青の世界に包まれている。このイメージが水の世界を表現している水族館の色彩を青色としているのかもしれない。現在では巨大な水槽を

有する水族館も多くなってきたが、水深が数十 m ある展示水槽を持っている水族館はない。

　考えてみれば都会で昼間でも薄暗くて、しかも危険でなくあまりいかがわしくない、だれもが行ける場所は水族館と映画館くらいしかないかもしれない。東京ではプラネタリウムはほぼなくなってしまったし、近頃のお化け屋敷は怖すぎる。薄暗いけれど安全で安心できるところに行きたいと思ったときに水族館は格好の場所である。ちょっと薄暗くて、ひとりで行っても周りから特に怪しまれずに過ごせる場所として水族館に行くという選択がある。大人が神社や公園の繁みの中に身を潜ませて蝶々を観察していたら不審に思われてしまうかもしれないが、大人がひとりで水族館の暗がりでチョウチョウウオをじっと見ていても大丈夫だ。

避難場所

　怪しまれずに過ごせる場所に関連してもうひとつ、「避難場所」としての水族館というのもある。学校へどうしても行きたくない。会社へどうしても行きたくない。行きたくないけれど行き場もない。考えると頭痛がする、腹痛がする。トイレに籠ってもそんなに時間をかせげない。もう嫌だ。でも嫌だとも叫べない。もうだめかも。そんなときはさっさと水族館へ緊急避難してしまおう。一応、休みますと連絡をして。例えば東京の葛西臨海水族園なら平日に一日中、学生や会社員がひとりでいたとしても誰も怪しまない。無理に笑わなくても、しゃべらなくてもいい。絵を描いたり、メモをとったりするフリをしなくていい。もし話したくなったら、声を出したくなったなら、相手が呼応するかどうかは別にして動物に話しかけてもいい。大声や奇声でなければ水族館では誰も変だと思わないので大丈夫。私もふつうに魚のタマカイやボラに話しかけている。「ホンソメさんにケアしてもらったか。よかったねえ」「今日もいいところ泳いでるね。こんな浅場は他の魚は来てくれないんだよー」とか。もし少しだけ人と話したくなったらスタッフのいる情報資料室へ。カウンターの上にある小さな水槽をしばらくじっと見ていれば向こうから話しかけてくると思う。ただし、イモリのおなかの複雑な模様の話だったり、昨日生まれた透明なタコの赤ちゃんの話だったり、会社や学校ではまったく役に立ちそうにない話ばかりかもしれないけれど。

(2) 生きものを見たい・知りたい

珍しい動物を見たい

　珍しい動物を見てみたいという欲求は水族館を訪れる人の多くが持っていると思う。太陽の光がほとんど届かないような深海の動物が人気であるのも、見たことがないような奇妙な姿形の動物が実在していて、それが目の前でたしかに生きている、動いているということがなんともいえず好奇心を満たしてくれるからなのだろう。動物園では、こんな動物がいたのかと驚かれるような動物が今後も続々と新たに公開される可能性はあ

Tide 7　水族館のこれから

まりないだろうが、水族館ではまだまだ「あっ」と驚くような動物を飼育展示できる可能性がある。

　深海調査の映像に写った深海生物が実際に目の前で生きて動いている。この衝撃は大きい。漆黒の深海の神秘的な映像が人々の脳裏にすでに記憶されている。その記憶の残像に水族館の深海生物が重ね合わされる。動作や体色などからすれば地味なメンダコやダイオウグソクムシなどを展示する水族館も増えている。静岡県の沼津港深海水族館のように深海生物を専門とする水族館もできている。

　近い将来、生きた化石ともいわれる古代魚シーラカンスや深海の魔王の呼び名もある大型のイカ、ダイオウイカを水族館で見ることのできる日が来るかもしれない。アクアマリンふくしまや葛西臨海水族園ではそのような夢のある生きものを展示すべくチャレンジを続けている。水族館には新しい生物展示についてもまだまだフロンティアが広がっている。

　水生動物の中には生活史のなかで生態や形態を大きく変化させるものがいる。水族館で展示したことがないというだけではなく、ある成長段階の姿や行動を見たことがないということもある。例をあげよう。九州などで食材になっているウチワエビというエビがいる。名前のとおり平べったい形をした、とてもおいしいエビだ。成体、つまり大人のエビは砂地の海底に生息している。水族館で成体のウチワエビを展示しても砂に潜っていることが多く、活発に歩き回ったり泳いだりすることは少ないのでかなり地味な存在である。甲殻類の分類上ではイセエビやセミエビに近いエビの一種である。この仲間は幼生期（子どもの時期）に浮遊生活をする。海を漂って暮らす時期がある。イセエビやウチワエビではこの特別なステージの幼生のことをフィロゾーマという。姿形も食性も行動も成体とは大きく異なる。イセエビでは卵からふ化したフィロゾーマは1年ほどもの長い期間、何回も脱皮し成長しながら海を漂い続ける。ウチワエビではさらに興味深いことに海を漂っている間にクラゲに乗っているという。私が水産大学の学生の頃、なのでもう何十年も昔のことであるが、このクラゲに乗るフィロゾーマを描いた図版を見たことがある。クラゲ乗りのエビか、いいなあ、実際に見てみたいと思って調査船に乗っていたこともあったが、ついに海でその姿を見ることはできずに月日は経っていた。ある年、葛西臨海水族園に入ったばかりの職員が大学での研究の延長でウチワエビを飼いはじめた。ジェリーフィッシュライダーの展示をしてみたいというのだ。その名のとおり、クラゲ＝ジェリーフィッシュに乗るもの＝ライダー、つまりはクラゲに乗ったエビ、ウチワエビである（写真7.1）。このウチワエビのフィロゾーマはクラゲに乗りつつ海を旅しているだけでなく、どうやらクラゲそのものを餌にもしている。ウチワエビのフィロゾーマをクラゲといっしょに飼っていると明らかにクラゲをかじって食べている。それもかなりの量を食べる。この2者の関係は寄生と呼ぶべきか捕食というべきか。これだけでも展示の素材としてとても面白い。しかもクラゲの繁殖技術と飼育設備を

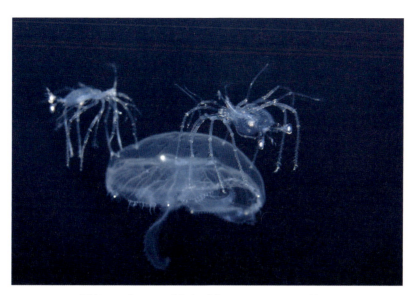

写真 7.1 ウチワエビ幼生（ジェリーフィッシュライダー）

持っている水族館には、さらにできることがある。

　ある動物を飼うときに直面する問題に餌の問題がある。特に幼生期の餌では苦労する。何を食べているかわからず、わかったとしても十分に用意することや給餌方法が難しい。例えば日本人ならおそらく誰もが知っているウナギ。養殖も行われていて蒲焼をのせた鰻丼が好物という人も多いだろう。日本産のウナギは数種がいるが、日本列島に広く分布し養殖もされているのはニホンウナギである。ニホンウナギは川や河口域にすんでいるが、産卵時には日本列島の遥か南方の海域まで長い旅をすることが大学などの研究機関の長年の調査研究で解明されてきている。卵は海でふ化し、仔は遥かなる海を旅して河口に辿りつく。非常に興味深い生態が明らかになってきた魚類であり、基礎研究、養殖などの技術研究も比較的進んでいる生物種のひとつである。ところがこのウナギの仔稚魚が海で何をどのように食べているかは実ははっきりとはわかっていない。養殖ができているのは河口から川を遡上しようとするウナギの稚魚をとってそれを育てているからである。親の魚から卵をとってふ化させ成長させる。さらに成長した魚を産卵させる。その卵をふ化させ育てる。このようなサイクルができると完全養殖ができたことになるが、ウナギの場合、完全養殖は試験研究レベルに留まり商業ベースで大量生産が行えるまでに至っていない。ウナギの完全養殖の事業化の大きな壁のひとつは仔稚魚期の飼育方法にある。そのなかでも餌の問題は核心部分である。仔稚魚期の給餌方法を含めた餌の問題がなんとかなれば商業ベースでのウナギ養殖の実現と普及に大きく近づく。

　ウチワエビに話を戻そう。ウチワエビの幼生はクラゲを餌にしている。しかもどうやらクラゲのみで幼生期のすべてのステージを飼育できる。葛西臨海水族園にはミズクラゲなどのクラゲ類を飼育し繁殖させる技術がある。担当職員の並々ならぬ熱意と先輩職

Tide 7 水族館のこれから

員の助言・協力、そしてこの技術がウチワエビのフィロゾーマ幼生の飼育を可能にし、ジェリーフィッシュライダー展示を実現した。さらにウチワエビはフィロゾーマ幼生からウチワエビの稚エビになる間にニストと呼ばれる特徴的な幼生の期間を経る。昆虫類のサナギのようなステージと思ってもらえればいい。同じ動物種でも成長段階で生活の仕方が大きく異なっておりとても興味深い。水温などをコントロールすることで生活史の全ステージを同時に展示することを試みた。親エビも幼生（フォロゾーマ・ニスト）も稚エビも同時に比較しながら観察できる。いうなれば「生活史展示」である（図 7.1）。ウチワエビは食用になるエビで特別珍しいエビではないが、知られざる幼生期の生態はなかなか見ることができなかった。このような展示こそ水族館ならではの展示のひとつといえるだろう。

珍しいものみたさというと俗っぽく聞こえるが、人の好奇心は科学的探究の原点でもある。知的好奇心という欲求に応える余地が水族館には残されている。そしてその過程は研究にもつながる。

かわいい動物が見たい

「かわいい（カワイイ）」の語源とされる「かわゆし」は今から 800 年以上前の『今昔物語集』に出てくる「コノ児ニ刀ヲ突キ立テ、矢ヲ射立ラ殺サムハ、ナホカワユシ」といわれ、「気の毒」とか「痛ましい」という意味だった。今日ではとても多義的に用いられる言葉になった。とりあえず肯定的に感情を表す際の言葉として「かわいい」と

図 7.1 ウチワエビの生活史（原図：村松茉由子・葛西臨海水族園）

いっておくということは大人の世代でもそんなに違和感がなくなっている。水族館であれば、ペンギンかわいい、ダイオウグソクムシかわいい、ミドリフサアンコウかわいい、ついでに館長かわいい、でもいいわけだ。同時に旧来的な意味、愛らしい感じを表して「かわいい」も使われる。この「かわいい」について、水族館ではじつはけっこう悩ましさを感じることもある。

気持ち悪い、けれどかわいい。なんか変、けれどかわいい。かわいいにもいろいろあるが、とにかくかわいい動物が見たい。そう思う人の多くは動物園に行くのだろうが水族館に来てくれる人もいる。哺乳類の赤ちゃんの頃はたしかにかわいい。人気があるのも頷ける。各メディアでも◯◯の赤ちゃん誕生というようにニュースで取り上げてもらえるので、飼育動物の誕生はプレスリリースすることもある。話題になれば来場者も増える。しかし、赤ちゃんニュースでは水族館は動物園に比べてどうしても見劣りする。クロマグロは人気があるといったところで、卵は1mm程度の大きさであるし、ふ化したての赤ちゃんクロマグロは極めて小さいだけでなく、体色はほとんど透明でよく見えない。顕微鏡でのぞいて見ても、お世辞にもかわいいとはいいにくい。ペンギンやカワウソなど一部の動物種を除いて水族館で飼育している動物の赤ちゃんは「かわいい」でアピールすることは難しい。もっともその前にかわいい動物がいるかいないかで終わってほしくはないと思う。

くさくない動物がいい

人はいくつかの感覚を持っている。視覚、聴覚、臭覚、味覚および触覚をまとめて五感という。動物園では、トラやゴリラの特徴的な姿を見て、声や動作の際の音を聞いて、動物特有のにおいを嗅ぎ、ウサギやモルモットなどの動物とふれあえるコーナーでは触って体温や心臓の鼓動を感じることができる。ゾウやライオンが大きな咆哮をしたときには空気が震える振動波を身体で感じる幸運な機会さえあるかもしれない。五感のうち味覚以外の4つの感覚で動物を感じることができる。来園者と動物園の飼育動物は同じ空気を吸っている。無柵の展示の場合はその感覚をより強く実感できるだろう。いっぽう、魚やエビ、クラゲなどを水槽の透明アクリル越しに見ることが中心の水族館の場合はほとんどが視覚によって動物を感じるしかない。聞こえるのは水の流れる音や館内を流れるBGM、そして解説員のガイドの声。匂いはできるだけ館内に充満しないように気をつかっているため水槽からの動物臭はほとんどない。ふれあいコーナーを持っていない水族館では動物に触れる機会がないかもしれない。イルカなどを飼育しショーなどを行っている水族館ではその声や呼吸音を聞くことができると思う。しかし、それはごく一部の動物種においてのみである。水族館ではほとんどの動物を水槽のガラスやアクリル越しに見ることになる。水族館で人が動物を感じるとき、感知する感覚は視覚に特化している。

最近では動物園で「くさい」という声を聞くことはふつうになった。動物園に来て動

Tide 7　水族館のこれから

物のにおいがくさいという苦情もどうかと思わなくもない。今の動物園が昔の動物園よりくさくなったわけではない。生きた動物が動物園には多くいるので、糞や尿、餌、体臭など、においのもとはそれこそたくさんある。飼育動物の管理を通常どおりに怠りなく行っている動物園であれば、毎日清掃しているので悪臭が充満してどうしようもないようなことはほとんどないはずであるが、それでも気になるという人は増えているように思う。そんなとき、動物園のようににおいがしない水族館はくさくない動物を求める層に響くということであろうか。実際、水族館は動物がいるけれどもくさくないところがいいという人もいるし、水族館のバックヤードツアーなどで餌の準備をする調餌場など魚介類のにおいのする所では鼻をつまんでいる人もいる。無臭や芳香が好まれる傾向は強まっているのではないか。

生きている魚を見るということ

　近年、新規オープンした水族館やリニューアルした水族館は館内の雰囲気がとても上質なものになっている。エントランスや通路ばかりでなく、各水槽においてもライティングが工夫され、美術館の絵画や彫刻などの美術作品を観覧する感覚に近いものを感じることができるような水槽もある。なんといってよいのか、生々しさ、動物感というようなものをむしろ希薄化させているかのようである。いっぽうで疑岩や疑木はとても精巧になりレイアウトも凝っていて感心することが多い。映像や照明による演出、３Ｄ画像で展示生物の代替や補足も行われるようになっている。来場者のニーズやウォンツを分析したうえで、そのような水族館の雰囲気づくりと展示が構築されているのであろう。こうした人々の嗜好がさらに進むのなら、Tide2で想起されているように水族館のライバルは映像技術を駆使したＶＲ（仮想現実）やＡＲ（拡張現実）ということになっていくだろう。水族館の中にはすでに様々な映像を展示の補助機能として使用しているところも多い。娯楽施設や自然史博物館などではなく、自らの内から水族館そのもの、つまりは生きた水生生物の本物が目の前にいるという水族館固有の価値を脅かすものを育てつつあるとしたら、水族館はこの先どのように姿を変えていくのだろう。海や川、水族をテーマにしながらもこれまでの水族館ではない何者かになっていくのか。技術革新の成果を展示の現場に展開する最中にある水族館はそのことに自覚的であるべきだと思う。技術の進歩が関係性の改変を要請する。映像技術がさらに飛躍的に進歩していけば、水槽の中に生きた本物の生きものがいなくても、別に記録した生きものの映像を水槽のガラス面に映写すればいいということにもなりかねない。極端な想定ではあるが、これまでは実現できなかったことが実現可能となる技術的なブレイクスルーがいつの間にかすでに起こってしまっている。本物の生きものはそこにいないが、水槽には見たい生きものがいつでも最良の状態の姿で見ることはできるよう準備を整えることも可能になるまでそれほど時間は必要ないだろう。でもそれは果たして水族館といってよいものなのだろうか。

水族館の水槽の中では今日も魚たちが元気に生きて泳いでいる。その魚たちの姿を見ている人たちがいる。水族館では当たり前の光景だ。しかし、生きて泳いでいる魚を横から見るという行為はよく考えると特別なことである。

自然と切り離された生活をおくっている現代人が水族館の水槽で魚を見て自然との関係を取り戻そうというような言説は複数の意味で幻想である。水族館がそもそも自然の代替にはなり得ないとか自然の一部の再現に過ぎないとかということの他にも決定的な点がある。それは水中の生きて泳いでいる魚を横から見るということは、人が誕生して以来、ごく最近になって可能になったことであるからだ。多くの人々にとっては水族館や水槽装置が普及してからはじめて体験できるようになったことである。水中の生きた魚を横から見るという行為は自然なことではなかったし、昔からあったことでもなかった。人が魚を見る角度については、本ガイドの案内人のひとりである溝井裕一さんが2016年に発表した論文（溝井、2016）で詳細に考察しているのでそちらに譲りたい。ここでは、泳いでいる魚を横から見ることは、人にとって自然なことではなかったということを強調しておきたい。

知っていることを確認したい

知らないことを知りたい。子どもは好奇心のかたまりであったりするが、大人になっても案外そのような心を持ち続けているものだ。水中の生きものは人の生活圏の近くにいたとしてもずっと異界のものであった。水族館ができるまでは。水の世界の生きものは陸では長くは生きられないし、逆に陸の生きものは水の中で生きていけない。生きている世界が違うと思われていたのである。水族館は異界の生きものを見ることのできる場である。未知なるものに出会える。ただし、現代では実に多くの情報が溢れ、世界中の生きものについても映像などを含めて知ることができるようになった。クロマグロもマンボウも、ジンベエザメだってWebで動く姿を見ることができる。それでも実物を見たいと思う。どうしてなのだろう。それはすでに知っていることを自分の身体の行動で、仲介なしに自分で感じたいということか。大人が「知りたい」というときには、知っていることを確認したい、実感したいということでもあるのだろう。この「大人の知りたい」にもかなりのところまで水族館は応えることができるものと思う。例えば、サメはざらざらしたサメ肌って本当か？ワサビおろし器にはサメの皮が使われていて確かにざらざらしている。生きたサメでもそうなのか？サメに触れることのできる水族館ならその答えを体感することができるだろう。サメと同じ軟骨魚類のエイも同時に触ることのできるような水族館なら感触の違いを比較してみることもできる。

水圏の生きものやそれに関係する、知っているはずのことを、実感を伴って確認し、さらには時として予期せぬような気づきを得られることもあるのが水族館という場所である。

Tide 7　水族館のこれから

7.2　人との関係をつなぐ水族館

(1) 水族館と動物園

水族館も輸入概念か

　Tide2とTide5でも言及しているように、日本の水族館のはじまりは博物館の付属施設として1882年に開園した上野動物園内の「観魚室(うをのぞき)」であるといわれる。これまで動物園・水族館の歴史を研究してきた方々が総じて述べているように、「動物園」という言葉で表されるような施設は明治時代より前の日本にはなく、福沢諭吉が1860年代にヨーロッパ諸国を見聞した際にその存在を知り、英語のZoological Gardenを「動物園」と訳して、当時のヨーロッパの状況を綴(つづ)った『西洋事情』のなかで植物園とともに紹介したのが最初とされる。動物園という言葉自体も日本にはなかった。もっとも、当時は「動物園」の他にも「禽獣園」などとも翻訳され、明治期には併行して使われていたようであるが、「動物園」が現在に残った。なお「水族館」はAquariumの翻訳語である。Aquariumは家庭用の水槽を指すこともあるので少々ややこしい。「動物園」という翻訳語が誕生した経緯については、動物園が西洋からの輸入概念であること、それは歴史的には今から百数十年ほど前の新しいことであること、そして現在の動物園と当時の輸入概念として動物園が指し示す概念がほとんど変わらないことを解説する際に度々(たびたび)述べられてきた（石田2010、成島他2011、佐渡友2016）。ただし、この時代のいわゆる翻訳語についてはもう少しだけ補足説明が必要なように思う。江戸から明治へと時代が移る時期に、日本は国全体で西欧化を進めた。その際のごく短い期間に今日用いられている多くの語が翻訳語として誕生している。欧化政策を推進するうえで必要であったのだろう。例えば、柳父 章(やなぶあきら)（1982）によれば、社会、個人、自由、恋愛、近代、権利、芸術、人格、そして自然（しぜん）もそうである。これらの概念を表す言葉はそれまで日本にはなかったか新たな意味が加えられた。福沢諭吉のほかにも西周や中村正直などが多くの翻訳をしている。おもに英語からの翻訳語はこの時代の少数の限られた人たちによって産み出された。今日使われている日本語としてのこれらの語が動物園という語の誕生と同時代に翻訳語として誕生したことは覚えていてよいと思う。それ以前は、「近代の社会では個人の自由として、自然の窓である動物園に行く権利がある」というようなことをいおうとしても、その意味を表すような言葉がそろっていなかったということである。

　明治の時代には西欧化を進めることが日本の近代化を進めることであり、近代化を目に見えるかたちにするものとして、博覧会、博物館、動物園、水族館などを輸入概念から実際に目のあたりにできるものとして現出させることが進められたのだろう。文化の発展の程度は西洋、特にキリスト教文化にどれだけ近づいているかという尺度で計られるような雰囲気が明治期以降続いた。日本の水族館は複数の源流を持っていそうなので、

ひとつの視点からだけ見ることは避けたいが、日本の水族館のはじまりと歩みは近代化の視覚装置としての歴史でもあったという見方も間違いではないだろう。

　こうして日本に導入された水族館・動物園はその後、大正、昭和、平成と時代は変わっても一面では忠実に当初の役割を演じ続けている。西洋の文化に対するある種の憧れのようなものも持続している。たしかに日本の水族館・動物園は何度も変わってきたが、その変わり方は実はそう変わらない。いまでも、「アメリカやヨーロッパではこうで、それに比べて日本はまだこんな状態なので」から出発する変わり方である。西洋に対する「憧れる力」の持続は健在である。不思議といえば不思議なのだが、それを不思議と思わないようなところがなお不思議でもある。

水族館と動物園との境界線

　水族館と動物園の違いは何だろうか。しばしば尋ねられる問いである。違うといえば違うのだが、誰もが納得するような明確な答えを聞いたことがない。ひとことで違いをといわれると困ってしまう。ゾウやキリンがいるのが動物園で、魚やエビ・カニがいるのが水族館といういい方でも不正解ではない。国語辞典で動物園や水族館という語を引けば、その意味は掲載されている。日本のおもな水族館と動物園が加盟している、公益社団法人日本動物園水族館協会（JAZA）では加盟園館を水族館・動物園の２つに分類して計数しているので、水族館と動物園とは一応は別なのだとわかる。もっとも、今のところ水族館と動物園を定義した法律は日本にはないので、例え飼育している哺乳類や鳥類は少数だが魚はあふれるようにたくさん飼育展示している施設が動物園と名乗ったとしても咎められることはない。実際のところ、すでに名称としては○○水族館であるか△△動物園というところばかりではなくなってきている。海洋科学館、海洋生態科学館、海洋科学博物館、海洋館、水族園、おさかな館、海遊館、動物公園、自然文化園、どうぶつ王国、昆虫館、自然生態園、生物園、アクアパーク、シーワールド、シーパラダイス、マリンランド、マリンワールド、バイオパーク、アニマルランド、サファリパーク、ファミリーパークなど固有名詞的なものを含めて多くの呼び名がある。

　水族の飼育展示には水が必要である。動物園では陸上動物の放飼場の空気を遠くからトラックで運んできたり、人工空気をつくって供給したり、汚れた空気を清浄化し循環してずっと使い続けたりは通常しないだろうが、水族館で使う海水は遠くから運んできたり、人工海水をつくったり、濾過循環させて使い続けたりすることは特別なことではない。生きものを飼うための装置・設備には明らかに相違がある。

　水族館の展示で念のためいっておいた方がよさそうなことがある。日本の動物園の展示で近年盛んにいわれるようになった、動物の行動を見せる行動展示、複数の種を同所で展示して種間の関係を見せる複合展示、生息域の植生などを模した環境で展示する生息環境展示などと呼ばれる手法は水族館ではかなり昔から行っている。水族館では当たり前のこととして行っていたことなので特に強調していったりしないだけである。一時

期、動物園でいわれたランドスケープイマージョン然(しか)りである。

　日本の水族館の出自は動物園内の水族展示施設以外にも複数あり、飼育動物の種数は増え、徐々に専門性を高め発展し水族館としての存在を際立たせてきた。近年では、動物園、植物園、テーマパーク、アミューズメント施設、自然史博物館、さらには郷土資料館などの機能をも内包させて、あるいは融合した存在となりつつあるところも少なくない。専門化が進み、続いて複合化・総合化が重なるように進行している段階のようだ。生きものは本質的に曖昧なところのある存在であるし、くっついたり離れたり、境界線を明確にしないのも生きもの的で、生きものが主体の水族館がそのような姿でいるのもむしろ自然なことという解釈もできるだろう。

　生きものは多様な他の生きものとの関係の中で生きている。その事実に沿って考えるなら動物だけ植物だけと無理やりに分けたり、水もの、陸ものと分けたりしなくてもいい。「水族館とは？」の問いかけはこの先も続くのだろうが、動物園も水族館もいつの間にか互いの間に高くなってしまった垣根や厚くなってしまった壁を取り払ってもいい。現代の動物園・水族館のキーパーや植物園のガーデナー、博物館のキュレーターやサイエンスコミュニケーターが力を合わせて総合生きもの園みたいなものをつくったとしたらどんなものが姿を現すだろうか。こんなことをいうと、動物園・水族館の歴史や制度、文化を理解していないとか異端とかいわれそうだが、日本の動物園の本流を堂々と歩み、動物園の発展に大きな足跡を残した、元上野動物園長の中川志郎さんも晩年にそのようなことを語っていたのを思い出す。

多様化と老朽化が進む水族館

　今日の日本には個性を競うかのようにじつに様々な水族館がある。淡水生物に特化した水族館。現代アートと融合したような展示の水族館。動物ショーをまったくしない水族館。エビやカニなど甲殻類専門の水族館など。設置や運営形態も様々である。JAZAに加盟している水族館62園館（2017年3月現在）のうち、国や自治体が設置者である公立水族館は33園館、他は個人や企業が設立した水族館である。公立の動物園と同様に公立水族館でも企業や財団等が指定管理者として管理・運営を担う例が近年増加している。その数は23園館ある。新規の水族館が都市部に民営でオープンすることが多く、この点は動物園と異なる。集客力のある新しい民営の水族館の台頭と超少子高齢社会という日本社会の構造上の変化、自治体の厳しい財政状況を背景にして、公立水族館は大規模改修のタイミングなどを機会にその存続が議論されるようになっている。今後、施設の老朽化が顕著な水族館では新たな施設建設を含めてリニューアル計画を策定中のところが続々と出てくる。「水族館の寄る年波問題」である。リニューアルを考えるとき、前の世代から何を継承し、後の世代に何を引き継いでいくのかということこそがとても大切なことだが、特に公立水族館では、意思決定ができる上層レベルでそれがどれくらい語られているだろう。ほとんどはその代わりに外国や他の水族館との比較や他施設と

の比較が語られてはいないだろうか。

　諸説あるのであくまで私見になるが、日本の動物園にはおそらく3つの源流がある。ひとつは珍奇な動物の見世物小屋、つぎに西欧を手本とした近代化を啓蒙するための視覚装置、もうひとつは子どものための娯楽と情操教育を行う施設である。見世物小屋は動物園という名称がなかった江戸時代から続くもので、ふたつ目は明治時代に国をあげて導入され、3つ目は戦後の荒廃した世情からの復興の過程と高度経済成長の時代に各地で地方自治体によってつぎつぎにつくられたものである。日本の水族館のはじまりは動物園と不可分の歴史があり、ほぼ同様ではあるものの、水族館はもうひとつの出自を持っている。大学の付属水族館である。水族館が研究にも力を入れている底流には大学付属施設としての脈々と続く歴史とその影響があると考えることができる。自然史博物館でありつつ水族館でもあるという施設もある。そもそも水族館は動物園とともに博物館の一種として位置づけられる存在でもあるので、少しわかりにくいかもしれない。実際のところ線引きは難しい。JAZAでは、動物園・水族館を「いのちの博物館」としてアピールする活動を続けている。いずれにしても生きた生きものの展示が必須要件である。

(2) 悩める水族館

飼育展示生物の入手難

　水族館で飼育展示している生きものがどうやって水族館にやってくるか、そして、入手すること自体がなかなか難しくなってきている状況についてはTide3で解説している。イリオモテヤマネコやライチョウなど多くの人がその種が絶滅の危機にあるということをある程度は認識している哺乳類や鳥類に比べると水圏の生きものの状況についてはあまり知られていないように思う。小型淡水魚のメダカや水生昆虫のタガメ、ゲンゴロウといった動物がいつの間にか水辺から姿を消している。メダカが絶滅危惧種に指定されたり、ゲンゴロウが地域絶滅していたりといったニュースを聞いて驚くことになる。ミヤコタナゴやムサシトミヨなど減っているといわれても、都市で生活する多くの人々には、それがどのような生きものなのかさえ思い浮かばないようなマイナーな魚もいる。だからこそ水族館で飼育展示し多くの人々に知っていただく機会を提供したいと思うが、知名度が低く地味で集客に結びつきにくいものを、しかも取り扱う手続きなども煩雑となると水族館によっては経営サイドから懸念が示されるということも少なくないだろう。

　水族館の飼育展示種は水族館内で累代繁殖しているものは少ない。多くは採集や購入などによって調達している。海外の野生種については年々入手が困難になってきている。海外の現地で採集の許可が下りていても、国外への搬出の段階でストップがかかることもある。特に最近では希少種でない、いわゆる普通種であっても遺伝資源としての観点

Tide 7　水族館のこれから

から生物の移動や使途について厳しくみられるようになってきている。世界中から飼育展示種を数多く集めているような水族館では今後、同じような展示を維持するだけでも相当に難しくなりそうである。

全飼育展示種の累代繁殖が目指す道なのか

　水族館で飼育展示している生物の多くは野生由来である。海や川に生息し自然繁殖している野生生物を採集して運搬し水族館の水槽で飼育し展示している。いっぽう、動物園で飼育されている多くの動物種では、野生の個体を捕獲してくることは少なくなった。特に海外の希少な野生動物は厳重に保護され捕獲することができなくなっている。動物園でそのような動物を展示し続けようとすれば、複数の動物園が協力して動物園の中で繁殖させ動物種を維持するしかない。新たな導入が困難になった飼育展示種の繁殖、累代の飼育は動物園の存続にとって重要な条件のひとつとなっている。動物園では野生個体群に依存しないことが今後ますます強く求められる。理想の方向としてはすべての飼育展示種の累代繁殖である。動物園で生まれた動物が成長し動物園で繁殖し、その子が成長してまた子を産む。この繰り返しによって展示動物を維持しようという考えだ。水族館の飼育展示生物についても一部の種では動物園と同様である。しかし、動物園と同じく水族館でも全飼育展示種の累代繁殖が目指すべき方向なのであろうか。

　日本では養殖技術が発達しており、各地の栽培漁業センターや水産試験場などでは水産有用種に関する高度の繁殖技術を持っている。現場にいる研究者や技術者と話をすれば、彼らの圧倒的なまでの情熱と才気を前にワクワクする気持ちがなかなか収まらなくなることもあるほどだ。稚魚や稚貝などをつくる種苗生産も事業ベースで行われるなど、魚介類の人工的な繁殖については現在でも世界トップレベルにあることは間違いない。いくつもの水産上重要な種で種苗生産や養殖が可能になっていることは多くの先人と継承する者たちの努力の成果である。ヒラメ、マダイ、サザエ、アワビ類などでは人工で種苗生産された稚魚や稚貝が養殖に用いられる以外にも自然水域へ資源添加のため大量に放流され続けている。育てて獲る栽培漁業と呼ばれているものだ。ただし、種苗生産が可能な魚種は日本の海域に生息する非常に多くの種からみればごく限られている。水産資源として重要ではない、水族館で展示されているような生物種の多くでは、種苗生産の技術確立がなされていないどころか繁殖生態に関する知見さえほとんどない。水族館で繁殖に成功すれば、すなわちそれが世界初の知見になることも少なくない。

　葛西臨海水族園では常時600種程の生物を飼育展示している。マダイやクロマグロなど養殖対象魚種でもあり一般に流通している種も含まれるが、それは飼育種全体の中ではわずかである。常時は展示していない種を含めると1000種近くが飼育されている。魚類だけでなく多くの分類群に及び、生息場所も北極・南極の極地から熱帯域、水辺の生きものもいれば太陽の光が届かないような深海までに及ぶ。生物多様性を生きている実物を目の前で見ることのできる機会を提供している。これらすべてを繁殖させて代を

繋いでいくことはまず無理である。不可能なものをなんとか可能にするために努力し続けるという姿勢も大切ではあると思うが、それよりも、自然の水域から採集対象の地域個体群に過剰な負荷をかけない程度に採集するという今の方法を維持し、さらにはその水域の保全や関係する地域が持続的であるためになんらかの貢献をしていく方が水族館の持続性という観点からはよいのではないだろうか。現実の話として、多産多死が一般的である多くの海洋動物にとって、水族館が採集する数量程度がその種の維持にとって重大な影響を与えるということは特殊なものを除けばほとんどないと思う。一回の産卵で数十万から数百万もの卵を放出し、毎年大量に稚魚・幼魚が出現する種から幼魚を数十個体程度とるということと、全世界で数百頭しかおらず、繁殖可能な成熟まで長い時間がかかり、数年に1度、せいぜい数頭を出産するくらいの動物種から1頭捕獲することとは、残存個体群の持続性への影響という面で等価ではないことは説明するまでもないだろう。ところが野生生物の保全という枠内に入れられた途端にこのような論理が通用しなくなることがある。

福祉なのか権利なのか保全なのか保護なのかそれとも愛護なのか

　本ガイドでは、複数の案内人が日本の水族館が直面しているイルカ問題にふれている。これからの課題としてイルカのいる水族館はもちろん、いない水族館も避けて通れないと思うからである。日本の水族館で飼育され、ショーなどで多くの人々に親しまれているイルカは、野生由来のものが多くを占めている。日本の野生イルカの多くは追い込み漁という漁法によって調達されていた。世界動物園水族館協会（WAZA）が水族館の人気者であるイルカの追い込み漁による入手方法を日本動物園水族館協会（JAZA）に加盟園館がとらないよう勧告し、それができるまでJAZAのWAZA会員資格を停止した。JAZAは加盟園館長の投票により決議を行い、WAZAの勧告に従う決定をした。WAZAの勧告には水族館でイルカの飼育をやめさせたいと考える人たちの運動が背後にあるという見方もできよう。JAZAがWAZAの勧告に従う決議をしたことは、水族館でのイルカの入手方法の制限ということに留まらず、動物の権利運動の日本における明確な勝利の第一歩を記した瞬間でもあったと思った人もいただろう。ほんの数年前であれば、水族館の本でこのような論点からイルカについて書かれるということはまずなかった。動物の取り扱いや文化の差異の前面に水族館が立ち現れるということも考えにくかったかもしれない。しかし、イルカをめぐる問題は最近になって突然日本の水族館に押し寄せてきたわけではない。JAZAは少なくとも2000年代に入ってからは様々な圧力を海外から受け続けてきた。和歌山県太地のイルカ追い込み漁を題材にした映画で日本のイルカ漁の残虐性が強調されイメージが拡散されたことの影響はたしかに大きかった。そのようなよくない印象を持たれた漁法で採集される日本の水族館のイルカをこのままにしていいのかという問題提起は正当性を持つように感じる人も増えただろう。着実に日本の水族館のイルカ飼育は追いつめられてきていた。

Tide 7　水族館のこれから

　イルカ捕獲を禁止する方向に向かうような欧米を中心とした運動は、水族館に先行して漁業、特に捕鯨の分野では随分と以前から活発になっていた。そして、それと同じ道筋を辿るとすれば、ウミガメ、サメ、そしてマグロへと矛先は向かう。

　動物の権利と動物福祉、野生動物の保全、動物愛護はそれぞれ別の考え方である。しかし、しばしば混同されて議論される。動物の権利に基づいてイルカやクジラの捕獲について意見している人に、資源生物として保全の正当性をいくら科学的に実証してもまったく説得力を持たない。集団として確実に維持されたとしても特定個体が捕獲されることを回避されないなら動物の権利を守るうえでなんら意味がないことになる。権利と福祉も同じではなく、保全と保護も同一ではない。これらすべてが同じところで錯綜（さくそう）する場のひとつに水族館がある。

さかなを食べてもいいのか

　「食」についても Tide1、5、6 でふれている。

　「魚は食べてもいいの？」

　この質問を聞いたとき、あなたはどう思うだろうか。

　何をいっているのだろう？フグとか毒のある魚か、そうでないかを尋ねているのか？と思うだろうか。ではもうひとつ。

　「水族館の人も魚を食べたりするのですか？」

　「食べます。旬の魚は特においしいですね」と Tide1 の天野さんと同じように私もお答えしたりするが、この質問をしている人は食べるか食べないか、好きか嫌いかを尋ねたいわけではない。「水族館で働く人は魚が好きに違いない。いとおしくてしょうがないはずだ。きっと愛している。だったら食べるなんてことをするはずはない。そうでしょう？」ということだろう。

　動物園の職員がみんなベジタリアンというわけではないというのと水族館の職員も同様である。少し違うのはむしろ魚介類を食べることも大好きな人が水族館の職員には多そうだということだろうか。

　10 年、20 年前とは何か違う、と感じることが多くなった。野生動物である天然魚を食べるということが必ずしも当たり前に認められないような空気感が、支配的ではないものの人々の間に漂い始めている。その背景にはいくつかのことが考えられる。

　ひとつは野生生物の保全に関する社会的な関心が高まってきていることがある。絶滅危惧種という言葉は広く認知されているし、動物園や水族館が種の保存に貢献しているといっても特に違和感なく受け入れられるようになった。むしろ動物園・水族館は野生動物の生息域外での保全に貢献する主要な組織とみなされさえしている。数十年間に渡って努力してきた過程と結果が社会的に認知されてきたということでもあろう。野生の魚類などは、乱獲はもちろんいけないが食べることのできる水産資源であり、人が利用することは議論するまでもなく肯定されてきた。しかし、野生生物の保全を重視すれ

ば、魚であっても野生生物を人が利用することを無条件に是とすることはできない。そのような考え方が日本でもじわりじわりと浸透してきているとも思える。「天然もの」とは言葉を換えれば「野生生物」なわけであって、それを利用することに対する抵抗感のようなものといえるだろうか。

　ふたつめには、日本に暮らす人々の食の変化がある。米ばなれや魚ばなれがいわれて久しい。魚を食べる機会や量が減っているばかりかその内容も変わってきている。マグロの脂肪分の多い部位、トロの生食が一般化し、地域の知る人ぞ知るような魚も都会で食べることができるようになったいっぽうで、地元の魚を地元で消費するようなつながりはあちこちでほころびが目立ち、すでに断線してしまっているところもある。町の魚屋さんはめっきり減ってしまった。

　そのような世の中になってきてしまっているからこそ水族館の存在意義が高まっているという見方もできよう。魚食を通じて魚のことを人々に伝えられないのなら、魚を伝える役を水族園が補完し一手に担えばいい。水族館はますます必要とされ発展していく時代になっていくと。はたしてそうなのだろうか。このような状況はむしろ水族館の危機なのではないかと思う。食とはすなわち命に直結することだ。「いのちの博物館」であり、日本の風土の中で魚食文化に一面では支えられて発展してきた日本の水族館が食をすっ飛ばしての命がどうのなんてない、はずである。

　本ガイドの案内人のひとり、濱田武士さんは魚食を支える職を「魚職(ぎょしょく)」と呼んでいる（濱田 2016）。いい呼び名だと思う。魚介類をとる人はもちろん、漁協、市場、仲買、中卸、運搬、販売店など一連の魚職の人々によって日本の魚食は支えられてきた。日本には魚との様々な関係があった。職を通じて、あそびを通じて、食を通じて。そしてそのような豊かな人と魚との関係に紡がれた素地があったからこそ、日本の水族館の隆盛があったのではないか。これらを失ってもなお咲こうとするのはあだ花である。日本の水族館にあって動物園にはない、あるいは少ない役割として、魚職・魚食と都市で暮らす人々との関係をつなぐことがあるように思う。魚職の衰退、魚食の減少は日本の水産や食文化の危機であると同時に日本の水族館の基盤を危うくする。

外来種と水族館

　外来種（外来生物）のイメージはとてもよくない。毒を持った外来種が国内で発見されると大きく報道される。すでに定着した外来種では生態系の破壊者としてクローズアップされる。例えば、水族であればオオクチバス（ブラックバス）の名をあげて様々な問題があげられる。私の所属している葛西臨海水族園でもこの北米原産の淡水魚の飼育展示をしているが、その姿を見るなり、「あ！ブラックバスだ！こいつ、悪い魚だ。やっつけてやる！」とボクシングのファイティングポーズをする小学校低学年くらいの子どもを見かけたことが何度もある。水族館の職員でも外来種に対して負のイメージを強く持つ者が多い。日本の生きものに害を及ぼすもの、排除されるべきもの、つまりは悪者

Tide 7 水族館のこれから

のイメージである。外来種の魚類を害虫になぞらえて「害魚」と呼ぶ人もいる。
　外来種は例えばこんなストーリーで悪者のイメージがついていく。

　ならず者たちが外国からやってきた。獰猛な外来種の肉食魚は日本に昔からいた在来動物を食い尽くす。地域的にはすでに絶滅に追いやる勢いだ。繁殖力の強い外来種の植物は在来の可憐な植物たちを押しやってどんどん繁殖している。日本古来の素晴らしい自然の景観が損なわれてしまう。外国の植物に覆われていては、日本の自然とはいえない。恥ずかしい限りだ。当初は獰猛な動物とやたらとどこでも増える植物が問題であったが、寛容に見ている間につぎつぎと新たな外来種が日本に侵略してきている。かなり以前から日本に侵入し、ずっと静かにしていた外来種もいつの頃からか大きな顔をしはじめ、日本の自然を痛めつけている。たいへんに嘆かわしい事態だ。さすがに日本国民も黙っておらず、ブラックバスなどの害魚の駆除・殲滅（せんめつ）作戦を行っている。日本の将来を担う子どもたちも参加させて害魚をやっつける殲滅作戦は、日本在来種を守り、本来の美しい自然を取り戻すということの大切さを大人たちが模範となって行い、子どもたちがそれを見て習い、自ら行うという、とてもよい実践的な教育活動になっている。特定外来生物法は野放しで待ったなしの状態にまで来ていた侵略者である外来種の横暴ぶりに対する歯止めとなる法である。法本体には明記されていないが、明治時代以降に外国から日本に入ってきた生物を外来種としている。その中で悪質なものを名指しして侵略を阻止し排除を図ろうというものだ。明治期以前の外国に毒されていない江戸時代後期の自然を日本古来の自然として、そのあるべき姿を守っていこうとする思想を背景にしている。将来の日本の自然に対する思慮もなく、ある民間人によって日本国内の湖に放たれたブラックバスは、ばんばん増え、どんどん広がり、日本中の在来魚を食い尽くしている。このままでは日本中の湖沼は外来種ばかりになってしまう。水槽にメダカを10尾入れて同時にブラックバスを1尾入れてみるがいい。あっという間にメダカは食い尽くされてしまうだろう。凶暴な侵略者が日本の自然環境を破壊しているのだ。野生の可憐な在来種がどうなってしまうかはすぐに想像がつくというものだ。ブラックバスが在来の魚などを大量に食べることは実験で明白に証明できる科学的事実なのである。外来種は日本本来の自然を蹂躙している。生態系を破壊している。生物多様性に対する重大な脅威である。外来種は直ちに最後の1匹まで殲滅すべきだ。慈悲の心は無用だ。ブラックバスを殺して捨てることにかわいそうという人は無抵抗で食べ尽くされるたくさんの在来の動物たちについてどう思うのだろう。想像力を少しでいいのではたらかせてほしいものだ。無知は外来種をのさばらせる。敵はもう侵略してきているのだ。すべての外来種を直ちに殲滅して日本の自然を守ろう。

　といった論調である。オオクチバスのストーリーが強烈だったのか、多くの他の外来

種もこのイメージをなぞっている。さすがにこれは10年前、20年前ならそうだったかもしれないが、今ではこのように思っている人はほとんどいないのではないかと保全生態学者や島しょ地域の最前線で外来種対策を日々続けている人たちはいうかもしれない。現在では上位の捕食者など生態系の中ですでにある位置を占めている外来種を除くことはかえって中間捕食者の解放効果を促し、在来種の絶滅を加速させる危険もあるなど、事はそう単純ではないことがフィールド研究で明らかにされつつある。しかし、年間150万人近くの来場がある水族館に身を置く者としての実感は、外来種は絶対悪としてすべて排除しなければいけないというような外来種に対する勧善懲悪的な考えや態度はむしろ純化・強化されて定着し、再生産されてさえいるように感じている。

　待ったなしの希少な野生生物の保全に奮闘している地域の人々や研究者たちのなんとかしなければという使命感や憤りは理解できるし共感もできる。正義感や怒りも確かに強く伝わってくる。外来種の肉食性魚類が他の魚やエビなどを食べているというのはそのとおりだと思う。淡水魚など陸水域の動物については、人の経済活動・開発を主因とした自然環境の変化によって大きくその生息数を減らしている。そのような改変された自然環境下で外来種が移入し繁殖することで生物相に変化を来たすことは十分にありえる。自然を破壊する開発行為に抵抗し続けながら淡水魚の保護活動をしている人々が最悪の事態として絶滅をも想定し極限的な状況で活動をしていることに対しては敬意しかない。多くの水族館でも直接・間接的にそのような保護活動に対して何らかの協力をしている。自然の湖沼や河川に外来種を何の制限もなく放流してもよいという水族館人はいないだろう。私も好き放題にどこにでも外来種を放流してよいとはまったく思わないし止めるべきだと強く思う。強毒を持つ生物の侵入に対して徹底した水際での対策も必要と思う。

　しかし、である。だからといって、時に命の大切さを語り、時に命をいただくことについても語る水族館人が、ため池など二次的自然環境の中に定着している、外来種のレッテルを貼られた生きものに対して無条件に「殺すことを目的に殺す」行為を是として同調行動をとっていいのかということについては大いに悩む。「外来種殲滅大作戦」、「在来種・生物多様性を守ろう」といったような横断幕やノボリのもとで、子どもたちといっしょにため池にいる外来種の魚を陸に放り投げることに、子どもたちに外来種は憎むべき侵略者であり排除しなければいけないと教え、食べるわけでもなく殺す行為をいっしょに行うことにはどうしてもとまどいがある。外来種も生きものであることになんら変わりはないと思うからだ。外来種排斥のムーブメントは生きものに対する憎悪を教育しているように感じる。

　言論の自由がある国や地域では、なにか社会や自然に大きなインパクトのあることについては多様な意見が出るものだ。例えば遺伝子操作、核の利用といったことはもちろん、実験動物の取り扱いなどでも賛否両方から様々な意見が出る。しかし、なぜか外来

種に関してはほぼ悪者扱い一色である。外来種＝害悪の論調の本ばかりが書店の書棚に並んでいた。外来種をまったく肯定しているわけではないがあまりに敵視する姿勢に正面から疑問を呈している本は『魔魚狩り』（水口憲哉、2005）、『底抜けブラックバス大騒動』（池田清彦、2005）くらいであったろうか。ところが 2016 年頃から翻訳書であるが立て続けに、広く流布している外来種＝悪の考え方に再考を促すようなの本（『外来種は本当に悪者か』フレッド・ピアス、2016 年、『外来種のウソ・ホントを科学する』ケン・トムソン、2017 年）が出版されている。

　葛西臨海水族園ではブルーギルなどのすでに国内に定着している外来種の展示を行うにあたって、随分と議論を重ねた。2017 年 4 月の時点でオオクチバスとブルーギルを常設で飼育展示している。外来種が無闇に放たれることの問題については展示パネルで解説しているが、「おたずね者」、「WANTED」、「日本への侵略者」はコイツだ、というような感じの展示にはならないように配慮している。手入れの行き届かない水槽で見せしめ的な展示には絶対にしないように注意している。鰭がピンと張った凛々しい姿をお見せできていると思う。どんな動物種であっても水族館で飼育展示されている動物には適切な健康管理のもとで生きものとしての尊厳が保たれていることがとても重要だと思う。それは譲れない。「在来種」でも「外来種」でもなんら変わらない。限られたスペースなので水槽は決して大きくはないが、水槽内のオオクチバスは実に堂々としている。その姿は美しいしかっこいいと思う。きれいな瞳やなんともいえない下顎の造形をぜひよく見てほしい。時に大きく開ける口も。この魚の名前の由来が理解できるだろう。「本来の生息環境にいる興味深い美しい魚」としてオオクチバスやブルーギルを展示することが、いま私たちにできるメッセージだと思っている。本当に守るべきものを守るために憎悪の教育が必要だとは思えない。

　都市において水族館は自然への窓だと思う。その窓は対象によって恣意的に閉めてはならない。外からも内からも。自然からの、水の星地球に生きる様々な生きものの声なき声を水族館は伝え続けていきたい。声を出せない外来種の声も水族館は伝えていく存在でありたい。多くの外来種は人によって連れてこられた生きものや人の活動によって運ばれてしまった生きもの、あるいはその子孫であって、日本に侵略してきた生きものではない。連れてこられた場所で、辿りついた場所で、生まれた場所で一生懸命に生きて命を繋ごうとし、そして死んでいく。

広がり増える疾病

　近年、動物の感染症の流行が頻発するようになった。鳥インフルエンザ、口蹄疫などはニュースになる。養鶏場で高病原性鳥インフルエンザが発生した場合は全羽が殺処分される。魚の感染症ではコイヘルペスの感染が拡大しコイの養殖場で大きな損害になったことは記憶に新しい。大きく報道されるこれらの感染症以外にも実際のところ様々な疾病が養殖場などでは発生している。魚類の養殖場では限られたスペースで効率よく飼

> **ある日の水族館シリーズ⑥　コラム12**
>
> ## 「ある日の魚の手術」
>
> 　魚だって病気になれば治療する。ときに手術することもある。「魚の手術」などと聞くと、「まな板の上のコイ」を思い浮かべるかもしれないが、あながち間違いではない。麻酔をかけて台の上に載せ、口から水の流れるホースを入れて人工呼吸を行えば、「まな板の上」感は最高潮である。
>
> 　ある日、長さ1.6m、体重15kgほどの、大きなニセゴイシウツボの手術をすることになった。もう10年以上園内で暮らしている人気者である。麻酔をかけ、ヌルヌル、ニョロニョロとした太い胴体を、飼育員さんに抱えてもらいつつ、皮膚から奥の方にできたデキモノを、お腹を開けながら電気メスで切り取った。いざ縫い合わせるときも、焼き魚のように皮膚が薄いかと思いきや、ウシを縫うような太い針と糸でないと歯が立たないくらい、厚くて硬い皮膚をしていた。魚の患者さんには、「手術後しばらくお風呂に入らないで下さいね」などということは通用しないので、いつもより念入りに、お腹に水が入ってこないように縫い合わせた。こうして手術は終了し、無事に「まな板の上のウナギ」状態からは脱したが、元気になってくれるかどうかは、祈るしかなかった。そして最初に異常を発見してから二ヶ月後、ついに餌を食べはじめたときは、ほっと胸をなでおろしたのだった。（吉澤　円）

育することが求められるため、どうしても感染症を発症した飼育魚が出た場合は急速に感染が拡大してしまう。

　野生下では、病気で弱っていたり、ケガをして異常な泳ぎ方をしていたりする魚を見かけることは稀であるが、養殖場の生け簀を見れば、1尾や2尾くらいは弱っている魚を見ることができるだろう。このことをもって自然では病気にならず養殖場などの人工環境では病気になりやすいと解釈するのは少々安易である。自然環境では弱った魚は速やかに大型の魚食性の魚などの捕食者に食べられてしまうのでほとんど見ることがないと考えることもできる。

　海外の生物の移入が問題視されるが、本来もっとも警戒すべきなのが、他地域からの病原性のあるウイルスや細菌、寄生生物などの侵入である。人と生きものの移動がかつてない規模と速さで行われる時代になり、水族についても新しい病気がつぎつぎに入ってきている。

7.3　これからの水族館

(1) 水族館の人と生きもの

飼育動物の健康管理

　水族館で見ることのできる生きものは多くの場合が野生由来である。養殖の技術は進

Tide 7 水族館のこれから

歩し、水族館内でも繁殖できる種は増えていくだろうが、それでも数百種もの生きものを展示していくには、これからも野生由来の個体に依存せざるをえないだろう。野生由来の生きものを水族館で飼育するには多くの困難がある。無事になんとか水族館まで運んで水槽に収容できたとしても、まず餌を食べない。なかなか食べない。種類によって相当に幅があるが、数週間まったく食べない。ときには1か月も2か月も食べない。なかには1年以上食べないというのもいる。食べずに死んでしまうものもいる。いかに餌を食べさせるか。これは飼育をしていくうえでとても重要であり、飼育員のうでの見せ所でもある。

　水族館で飼育展示する生きものをいかに健康に飼育し続けていくかということは、水族館の持続性を考えたときに、これまで以上に重要性を増していくにちがいない。現在の日本の水族館で専任の獣医師を配置しているところは少ない。イルカやアシカ、オットセイなどの海獣類を飼育している水族館では獣医師が活躍している。いっぽう、イルカなどは飼育しておらず魚類などが飼育展示の主力の水族館では獣医師がいないところがほとんどである。魚も生きものなのでけがをすることもあれば病気になることがある。そのようなときは飼育を担当している職員が治療にあたるしかない。水族館の飼育職員は大学・大学院で魚病学や水族生理学、餌料栄養学などを学んできた者もいるので、そのような職員が、先輩職員がこれまで対処してきた記録をもとに治療にあたることになる。在学中は経験したことのない投薬などを水族館職員になってからはじめて実施したということも稀ではなかった。細菌やウイルス等の検査は、外部の検査機関の他に大学の魚病学研究室などに依頼することもある。

　朝、飼育員が水槽を見たら魚が死んでいるのを発見したとしよう。すぐに水槽から死魚を取り出す。そして死因を調べることになる。しかし、これが獣医師のいる水族館でも難しい。複数の種が多数同じ水槽で飼育されている水族館では、死魚に骨や内臓に達するような大きな外傷などはなくても、他の魚につつかれたのか体表に傷みがあることもよくある。死んだのが前夜であれば発見までに数時間は経過している。極地の海の水槽など水温が低い水槽でなければ、十数℃以上の水温はあるだろう。魚類などの水生動物は陸上の哺乳類などに比べて死後の自己消化が極めて速く進行する。20℃前後以上の水温で死後30分以上経過していれば膵臓、肝臓や消化管などの器官ではかなり自己消化が進んでいる。しかも病変部分では健常な部分より速く自己消化が進行し病変部の病変状態が保持されていない場合が少なくない。ウイルスや細菌の検査は可能だが病理組織の観察が正確に行えない状態では死因の特定は難しくなる。

　水族館では飼育動物の栄養管理をはじめ健康管理についてはまだまだ改善の余地がある。動物園にも増して多様な分類群の生物を飼育する水族館では、動物福祉について主体的・先導的に取り組むべき課題群がむしろ多く存在しているという認識を持っていなければならない。水槽内の動物の治療などは陸上動物の個体を対象とした獣医療とは別

の固有の難しさがある。扱う動物種が膨大で基礎的知見がないことも重大な困難であるが、さらに厄介なのは個体レベルよりも飼育水槽をひとつの生命体として濾過循環系を含めた水槽環境全体を良好に維持できるようにしなければ、水槽内の飼育動物の各個体を健康な状態に維持できないということがある。工学的なシステムの理解は必要であるし、化学の素養も必要だ。現状では多くの水族館で、これまでの飼育経験をもとに飼育員が対処してきた。将来的には、水族生理と水族病理に関する専門知識を有した、経験のある獣医師を核として、栄養学、分析化学などの高度の専門的素養を有する職員とで構成されるチームによる健康管理体制を持つことが水族館の飼育部門の標準になると思う。「水槽フローラ」とでもいうべき水槽の濾過循環系を含めた微生物相の研究も重要性を増す。飼育員の努力だけ、獣医師の奮闘だけに頼らない、動物の健康に配慮した飼育体制の確立は、水槽での展示の持続性や繁殖成功率の向上などの利点があるばかりでなく、動物福祉の観点からも強く求められるだろう。

釣り・ダイビングと水族館

　動物園の職員で狩猟を趣味にしていたり、スカイダイビングやパラグライダーなどをしたりする者はほとんどみかけないが、水族館の職員で釣りやダイビングをする者は多い。葛西臨海水族園でみてみれば、飼育や調査・採集部門の職員では釣りやダイビングは業務のうえでも必修に近い。海や川から魚を採集するのに釣りという手段はとても有効である。フィールドでの調査・観察や水族館の水槽の清掃・メンテナンス等にダイビング技術を要する場面は少なくない。ダイビングによって水中に暮らす生きものを水中

コラム 13

「東京湾のアオギス脚立釣り」

　シロギスの天ぷらを食べたことのある人は多いと思う。上品な白身でとてもおいしい魚だ。シロギスと近縁の魚にアオギスというのがいる。東京湾では遠浅の海に脚立を設置し、潮が満ちてくるとその上に座ってアオギスを釣ることが風物詩のようになっていた。いた、と書いたのは現在ではもう見られなくなってしまったからだ。脚立での釣りが流行らなくなったということではなく、アオギス自体が東京湾から姿を消してしまったのだ。戦後のアオギスの脚立釣りの写真が残っているので、急速に数を減らしたのは高度経済成長期の頃か。干潟など浅い海の埋め立てや海水の汚染なども影響していたのかもしれないがよくわからない。1976年を最後に漁獲記録がないので、アオギスは東京湾では絶滅してしまった可能性が高い。

　東京湾は様々な人々の努力によって環境破壊を食い止める段階から一歩進んで、自然を取り戻す、再生する段階に入っている。いなくなってしまった魚が再び戻ってきている。元来、東京湾は豊穣の海なのだ。昔の海をそっくり再現することはできないし、他海域に残るアオギスを東京湾に導入することには慎重に議論を重ねる必要があるだろうが、東京湾のアオギス脚立釣りの復活は生きているうちに叶えたい夢のひとつである。（錦織一臣）

Tide 7 水族館のこれから

で観察することは水族館の飼育展示を豊かにするもとになる。どのようなところに魚やエビは身を隠すのか、水の流れや潮のあたり具合はどうかなど、自分の身体で実感できる。水槽内のレイアウトに用いる擬岩や擬海藻などの製作を依頼するときにも具体的な注文ができる。水中では人はなんとも動きが遅く鈍重で頼りない存在である。泳ぐ速さは小魚にすら劣る。ゆったり泳いでいそうなチョウチョウウオを闇雲に追いかけたって追いつけやしない。ちょっと深いところに潜ろうものならその水深には数分間しか留まることはできない。魚たちは空気の泡をボコボコ吐き出し続ける不器用な生きものである人をどう見ているのだろう。水中での人の非力さを潜るたびに感じながらもダイビングはやはり楽しいものだ。水の世界の中にいることのできる不思議。動作は遅く不自由だけれども垂直方向に動ける自由。二次元の移動しかできなかった動物が三次元移動することが可能になるのだ。小魚にさえ泳力で劣っている自分がかえっていとおしく、そして少し謙虚な気持ちになる。水族館では仕事を離れても釣りやダイビングを趣味としている者はたくさんいる。

水族館を担う人たち－飼育員

　水族館をそこで働く人でみると、大きな変化があることに気づく。働いている人の男女比の変化である。近年、女性の比率が高くなっている。詳しい統計資料が手元にないので数値の具体的裏付けはできないが、最近10〜20年間でみても明らかに女性が増加している。特にそれまで男性職場のイメージが強かった飼育の現場において顕著である。表現が適切かどうか分からないが、以前の水族館や動物園で働いている人のイメージといえば、「飼育員のおじさん」だった。いまでは「飼育員のおねえさん」がたくさん働いている。水族館の飼育職員は、大学の水産学部・海洋学部、理学部生物学科などの海洋・生物系、動植物専門学校の水族系の卒業生から採用することが多い。このような大学・専門学校への女性の進学率が高いことが窺われる。水族館を構成する「人」は供給元の段階ですでに大きく変化してきている。

　女性職員が増えてきた水族館だが、館内で飼育員を見かけたら、手を見てほしい。凝視ではなくさりげなく。きれいに長くのばした爪をしている飼育員はたぶんいない。手を抜かず働いている飼育員はみな水と生きものを扱う者の手をしている。働く者の手だ。白魚のような指とは違うだろう。けれども、それは素晴らしい働き者の手だ。利き手の人差し指の親指側にタコがあればそれはきっと包丁ダコだ。餌用のアジなどを毎日切り続けてできたのだろう。フロアや水槽の清掃を熱心にする人の手のひらにはマメがいくつかできているかもしれない。ささくれやひび割れがあれば、寒い日でもひたすら水に手をつける作業を続けていたことがわかる。ゴム手袋を使いにくいところもあるし、ハンドクリームを塗ることもできないことが水族館の飼育作業では多い。腕や手の甲に線状の引っかき傷があれば、棘のあるイセエビの触角で付けられたものかもしれない。ペンギンや海鳥の噛み傷もあるかもしれない。手の甲に作業メモを書いている人もいる。

働く者の手を持った飼育員が水族館の飼育生物を支えている。

　水族の調査研究もできるということで水族館への就職を考える人もいる。現在の水族館は研究にも熱心に取り組んでいるところが多い。しかし、今では水族館をすでに退職した世代が水族館に飼育員として入職した頃は、「研究なんてできると思うなよ」と先輩にきつくクギを刺されたという。それでも研究することを諦めずに続けてきた人たちがいる。その先輩職員が特に意地の悪い人だったというわけではなく、当時はそれがむしろ当たり前だったのだと思う。娯楽の場と考えられていた水族館でなぜ研究をするのか、どうつながるのか意味不明、もしかするととんでもないことだったかもしれない。その後の水族館をみれば、研究を続けていこうという意思はたしかに水族館の発展を促し社会的地位の向上につながっていったばかりか自然科学に大いに貢献した。現在では多くの水族館で研究活動がふつうに行われている。発表の機会もある。今の当たり前の礎を築いた先輩たちに感謝して研究を続けたい。

3つの仕事と人

　労働、つまり「仕事」にはいくつかのものがあった。業種の別ということではなく、ひとつの仕事は複数の仕事が重なりあって形成されていた。仕事や労働のことを、いまでは勤めということもあるし、労働の対価として金銭を得ることを稼ぎといったりする。金銭を得ることが仕事の本質のように思ってしまっているが、それは近代になって以降の新しい考え方だ。いつの頃からだろうか、労働が苦役のようにさえなってしまったし、金を稼ぐことが仕事の目的と思われるようになってしまった。しかし、本来の仕事とはそうではなかった。仕事にはおそらく3つの面がある。「かせぎ」と「つとめ」と「あそび」である。生活していくためにある程度の金銭や物品を得る必要がある。これを得るのが「かせぎ」。仕事をすることで他の人や社会のためになる。尊敬されたり頼りにされたりする。これが「つとめ」。そして、仕事そのものやその過程の中、合間の時間に楽しみを見出すもの、これが「あそび」だ。仕事は「かせぎ仕事」、「つとめ仕事」、「あそび仕事」でバランスされていた。どんなにかせぎがよくてもそれだけでは虚しいし、いくら社会に貢献できてもまったくかせぎにならなければ生活に困るだろう。「あそび仕事」はきつい労働の合間の息抜きであり、楽しみであり、新たな可能性の土壌にもなるものだった。現代でも、職人や研究者が傍から見れば厳しそうな労働環境であるにも関わらず活き活きとしているのは、一定の「かせぎ」を確保しつつ「つとめ」や「あそび」の仕事部分が厚くなっているからだろう。施設の維持管理や飼育展示など水族館の仕事は客観的にみてかなりきついと思う。しかし、「つとめ」や「あそび」の部分もあり、やりがいにつながっている。

　もうひとつ。人は3つの人でできているということを少しだけ話そう。人は人格がひとつであっても、「あたまの人」、「からだの人」そして「こころの人」という、同じ人のなかに3つの性質の異なる「人」を住まわせている。いま、この本を読んでいた

だいているあなたにアプローチしているのは、あなたの「あたまの人」の部分がほとんどで、「こころの人」の一部分に少し届いているかもしれない。「からだの人」はたぶんほとんど無関心のはずである。「あたまの人」が理解してくれて「こころの人」が部分的にでも共感してくれて、水族館に行ったあと海や川に体を浸してくれれば、「からだの人」もいいね、となるかもしれない。そうなれば、3つの人が「わかった」状態になるかもしれない。水族館や動物園は3つの人に同時にアプローチできる稀有な存在であるにも関わらず、科学的素養とか知識の付与とかをしていこうとして、ひたすらに「あたまの人」の理解を得られるようなアプローチをしてきたように思う。これは無理もないことで、なにか理解してもらおうというアプローチでは「あたまの人」の理解へと向かうのが自然だからだ。自然史博物館も「あたまの人」を対象にしてきたし、多くの自然科学の書籍もそうである。「こころの人」や「からだの人」へのアプローチは論理的にすればするほど難しいということもある。時として、芸術、音楽、スポーツが説明をいっさい抜きにして圧倒的なまでの説得力を持つのは、いきなり「こころの人」や「からだの人」に強烈にアプローチできるからだと思う。よくわからないけれど納得した、なぜか感動した、とにかく気持ちがいい、というような「あたまの人」とは違うわかり方がある。

(2) 人と生きものの関係の変化と水族館

アニミズムという言葉

　日本と西洋の動物観、自然観の違いを説明するときに、多神教と一神教の文化的土壌の違いから説くことがある。「日本はアニミズムの国だからキリスト教の国とは自然に対する感覚が違う」というような表現でアニミズム animism という言葉が使われる。ここでのアニミズムは自然に霊性を感じるような感覚や「やおよろずの神」のようなものへの信仰を表わす言葉として用いられているのであろう。イギリスの人類学者エドワード・タイラーが宗教用語として造語し、1871 年に提唱したアニミズムの語源はラテン語で霊魂や生命を意味するアニマ anima である。アニメーションやアニマルと語源が共通する。アニマに信仰や思想を意味する「イズム」がついて「アニミズム」となった。日本仏教の類例では、「山川草木悉皆成仏」が近い。あるいは「一寸の虫にも五分の魂」か。ただし、宗教学者の正木晃によれば、このような発想は仏教の本家本元のインド仏教にはないらしい。日本仏教にあって本家のインド仏教にないということは、仏教が伝来する前の日本にもともとあったものと融合して形成されたものと解釈できそうだ。正木（2007）の論考をもとにアニミズムについて考えてみよう。

　このアニミズムという言葉が日本の自然観を説明するときにしばしば無前提に使われることにはかねてから抵抗があった。理由はふたつある。ひとつは、アニミズムにはタイラーのいう意味の他に、スイスの心理学者ジャン・ピアジェによる異なった意味があ

るからだ。それは人の幼少期の自分以外のすべてのものに意識があり意思を持っていると考える時期傾向のことである。そして、もうひとつの理由は、かつてタイラーのいうアニミズムは人類の精神的な営みとしては原始的で非常にレベルが低いとみなされていたということがある。最低級の宗教としてアニミズムやシャーマニズムがあり、ついで多神教、さらに一神教へと階段を上って高度になっていくという宗教進化論のような考えがまかり通っていたころがあり、一神教の中でもっとも高尚なのがキリスト教で、キリスト教の中でもカトリックよりプロテスタントの方がより高尚であるというような考え方を引きずった延長線上で、アニミズムという言葉が無前提に使われるおそれがあるからである。タイラーの造語であるアニミズムは単に多神教的な自然観を示すのはなく、このような考え方のなかにあるということを認識すべきである。

　さらには、日本のアニミズム、地域の自然に霊性を見出すようなことを取り戻すことでかつての自然が蘇るようなイメージを抱かせるということの危うさを感じるからである。アニミズムでは動き出してしまった自然環境悪化の負のスパイラルを止められない。地域の自然環境に深く根差していることがかえって致命的な弱点になりうる。

　こういうことだ。大規模開発などで地域の自然環境が悪化する→アニミズムが弱体化する→自然に対する敬意が損なわれる→開発がさらに進む→地域の自然環境が破壊される→アニミズムが壊滅、という負の連鎖から抜け出せない。今よりは「山川草木悉皆成仏」の思想も残っていて自然とともにあった時代になぜ今と比べても大きく自然破壊が進んだのかわからないと思ったこともあったが、こう考えれば少しは納得できる。

　輸入概念としての動物園・水族館について先述したが、今日に至る明治時代以降の日本の歩んだ道が欧米化に注力したものであったことは、水族館を考えるうえでも重要な視座である。古来、日本では地域の自然である海や川、時に岩などを神としてその環境を敬い、大切にし、その土地の風土の特色として守り続けていた。そこには鎮守の森といったコミュニティの中心になるようなものを据える神社信仰もあった。明治という時代にこのような日本の姿の一面がどう動いたのか。「神仏分離令」が出されたのが1868年、そして1870年の「大教宣布」などをきっかけとして仏教施設を破壊していく廃仏毀釈が行われるようになる。1906年の神社合祀では日本に約20万社あった神社のうち約7万社がなくされている。地域にあった神社が政府によって破壊されていった。すさまじい勢いで破壊されたのはそれら施設ばかりでなく、同時に日本にあった人と地域の自然との関係であった。日本最初の水族館施設「観魚室（うをのぞき）」が誕生した1882年はそのような時代の只中にあった。

水族館の行き先を示す人々の欲望

　日本に水族館ブームといわれる時代があった。最近では1990年前後の数年間がそれにあたるだろう。この時期にかつてないような大型水槽を備え、大人の層を意識した水族館が都市部を中心に次々に新規あるいはリニューアルして開館した。兵庫県の須磨海

Tide 7　水族館のこれから

浜水族園、東京都の葛西臨海水族園、大阪府の大阪・海遊館、神奈川県の横浜・八景島シーパラダイスなどである。その後、2000年前後にも、鹿児島県のかごしま水族館、福島県のふくしま海洋科学館、沖縄県の沖縄美ら海水族館、神奈川県の新江ノ島水族館などが続いた。ブームというのはブームが去った後にはユーザーやファンがいなくなるようなイメージがあると思うが必ずしもそうはならずに定着していくものもある。もちろん一時的にユーザーやファンといった人々が減少することはあるだろうが、定着したものはむしろその後しばらくしてから増えていく。水族館はどうだろうか。本ガイドTide5の水族館と施設数と来客数の推移の分析をみても明らかなように、水族館ブームといわれた時代の後も水族館の来場者数は増加している。個性的な大型の園館が続々オープンした水族館ブームの後も水族館のオープンは断続的ではあるが続いており、水族館利用者はブームの時から大幅に減っているどころかむしろ増加傾向にある。日本の水族館はブームを経て利用者の規模を拡大し定着しているという解釈が可能である。ただし、各園館別の利用者の内訳にはかなり差があるようにも思える。来場者数が増加傾向か横ばいであっても構成内訳に外国人の比率が高くなっているということもあるだろう。特に2014年頃から来日する外国人観光客は急増している。この点は今後研究していく余地がある。

　日本の水族館の歴史を振り返ってみても、たかだか百数十年の歴史しかない。人は誕生以来、他の生きものとの関係を紡いできた。水族館を通した関係の歴史はほんのごく最近のことととらえることができる。この人と生きものの新しい関係がどう続くのか、変化していくのか、なくなるのか、それは人にすべてがかかっている。生きものを見たいという欲望、生きものにふれたいという欲望、生きものを知りたいという欲望、大きな水槽で生きものを繁殖させたいという欲望、生きものを救いたいという欲望…。生きものに対するたくさんの人の欲望に応え続けることで発展し存続してきた水族館はこれからも人の欲望に応えなければ存続できない。ただし、その欲望は個人の欲望と必ずしも同一ではなかったし、社会的要請という言葉で表されるものであったこともあった。世界的な経済発展と表裏一体の環境破壊や乱獲は野生生物の生息を脅かし、多くの希少生物を誕生させ、希少生物から絶滅生物へと追い込まれてしまったものもいた。種の保存が叫ばれたのはそのような時代背景のもとにおいてである。水族館・動物園は卓越した飼育技術と動物に関する知識を持った職能の集団として、種の保存に貢献することが期待された。水族館・動物園もそうした社会的要請に応えることを自らの社会的存在の意義として認識し行動してきた。さらには都市化の進行とともに希薄化し間接的な関係となっていった、人と生きものとの関係をつなぎ、補完する機能を水族館・動物園は積極的に担おうとしてきた。今日、特に公立の園館では教育分野への注力が顕著である。

どんな海や川と生きてゆきたいか

　唱歌「ふるさと」や「春の小川」には日本の里の古きよき自然風景が感じられる。特

別ではないたくさんの生きものと人とが共に暮らしていた頃のことを懐かしく感じる。それは何もかなり年を重ねた年令の方ばかりでなく20代くらいの若い年令の人でも感じるようだ。懐かしさということは以前に経験したことを思い返して感じる感覚である。何か心がほっこり暖かくなる。考えてみれば不思議な話である。「ふるさと」も「春の小川」も今から100年以上前につくられた歌である。遥かな未来や遠い過去ではなく、その頃のことを歌ったものだろう。そうであるなら、当時、つまり100年くらい前、子ども時代に経験していて、今は変わってしまったが懐かしく思うという人はいなくはないだろうが、懐かしむ人々の中心層ではないのは明らかだ。しかし、それでも懐かしいと多くの人が感じている。当時と変わらない環境がその後80年も90年も続いて最近急変したのなら20代の人が懐かしさを感じるというのも理解できる。でもそうではないだろう。ではなぜ、懐かしさを感じるのか。そういう過去があったという集団の記憶というようなものがつながっていて、それが懐かしさという感覚となっているのではないか。とすれば、取り戻そうしている自然とは過去のある時点ではなく、集団の記憶の中のよきイメージとしての自然ということになりはしないか。それが良い悪いではなく、失う前の、壊す前のよき自然環境とはそういうものなのではないだろうか。人々がなんとなくいいなと思い、郷愁を抱きつつ求めているのは「懐かしい未来」とでもいうべきものなのか。

　水族館には「生きもののすばらしさを伝えたい」、「生きものがくらし続けられる自然を守りたい」と本気で思っている人がいる。いや、そう思っている人ばかりだ。しかも民営・公営に関わらずそうである。これはすばらしいことだ。しかし、「社会を変えたい」と思っている人はどれほどいるか。多くの水族館が発しているメッセージを形あるものにするには今の社会を変えないと実現できない。もう少し正確には社会を覆うマインドセットを変えないとできない。かつてあった田んぼがなくなってさみしいですね。干潟が埋め立てられて生きものがいなくなってしまいましたね。みんなで考えましょう。といってみたところでどこかのだれかがそれを忖度してなんとかしてくれるわけではない。水族館では野生生物の生息域外保全や域内保全の取り組みをもう随分と昔から行っているといってみても、例えば日本各地で行われている栽培漁業や種苗放流事業、漁場造成事業というものに比べればインパクトの桁がいくつも違う。その規模で水族館個体群の話をいくら精緻に議論しても虚しさを覚えるだけになってしまう。外から見れば「コップの中」やせいぜい「井戸の中」のことにすぎない。しかもみな自分事とは考えてくれない。

　なぜこんなに伝えようと努力しているのに、みな変えようとしてくれないのだろう。そう思う水族館人はじつは自分の内にある「分断・隔離された生きもの認識」を自覚しきれていないのではないかと気づきはじめていると思う。打越（2016）がおそらくは哺乳類と鳥類の動物に関していう「仕切られた動物観」と同様の意味である。動物の権

Tide 7　水族館のこれから

利運動を背後に持つイルカ追い込み漁に対する風あたりはイルカを飼育展示している水族館にとって大きな問題となっているが、イルカを飼っていない水族館は自館でもいずれ直面する問題であるとはとらえていなかったのではないか。食文化の相違、野生動物の保全、動物福祉の問題と切り分けて認識していると今後の事態に戸惑うばかりになってしまう。イヌやネコの殺処分問題がクローズアップされているが水族館内では話題になることさえ稀ではないだろうか。在来稀少種の絶滅が憂慮される他方ではイノシシやシカなどの在来の陸上野生動物が急激に増え農業被害も出てきているが水族館で関心を示す人はどれほどいるだろうか。これはおもに対象とする動物の分類群が異なるから、だけではない。だとすればそれはなぜか。日本では生きものに関する法や所管がいくつにも仕切られている。対応の仕方が異なる。法制度は仕方ないにしてもそれが人々の動物への接し方とも密接な関係があることは気にかかる。仕切りができ分断・隔離されるとその外のことは思考から見事に遮断される。水族館の者に限ったことではないが「考えないことにして考える」習慣が染みついているのかもしれない。そして、単に仕切りができるだけでなく、分断・隔離された状況の中では独自の論理で物事の仕組みがつくられ解釈されていく。

　野生動物を飼うことは罪であり悪行であり、野生生物の保全や環境教育は贖罪(しょくざい)として行っているという人がいる。しかし、そのような気持ちで365日、何十年も動物飼育を続けることができるだろうか。子どもたちの目を見て、生きもののことを伝え続けることができるだろうか。生きものを育てるということは相当にしんどいが楽しい行為だ。水族館は水界の生きもののためになることをしたいと思っている。そう思ってくれる人を増やしたいと思っている。だから、ただ単に動物を使った娯楽を極めるのではなく、環境教育や野生生物の保全にも一生懸命に取り組む。それが贖罪の行為であるか否かは置くとしても悪いことではないだろう。でも、良きことをしたい、している、精一杯できることをやっている、だけでは多分この先もひたすら防戦に徹するだけになる。希少な野生生物の絶滅を少しでも遅らせることがせいぜいかもしれない。少しは野生復帰が叶うかもしれないが絶滅のスピードには追いつきやしない。それは人の影響が大きくなったこの世界では社会が変わらなければ違う道に行きようがないからだ。この道を進めばどんな世界に行きつくかはみんなうすうす気づいている。ただ、それは相当先のことだろうと思っている。いや思っていたというべきか。そこが自然とともにあろうとする人々にとって、望む姿ではないことはもう分かってしまっている。では、メシアの降臨を待ち奇跡が起こるのを夢見て過ごすのか。水族館には目を閉じてそんな夢を見ようとする努力以外に自ら行動を起こす力が残っている。これからの水族館に必要なのは水族館から社会を覆うマインドセットを変えていこうとする明確な意思だ。

　野生生物の保全活動に心血を注ぐ人たち、動物福祉の向上を目指す人たち、企業の社会貢献活動の充実を進めようとする人たち、人と動物の共存する仕組みづくりを模索す

る人たち、トキ米やヤマネコ米のような「生きもの米」を生産し普及させようとしている人たち、魚食をもう少し取り戻そうと努力している人たち、そういった様々な人たちと水族館は共に歩んでいける資質を持っている。なんといっていいのか、悪い意味ではなく、ある種の軽さというか、いい加減さというか、専門的すぎないというか、日本語で適当な言葉を今見つけられないが、ポップさのようなものを水族館は生まれながらに持っている。それは時に批判もされ、見下される要因にもなるが、私はそのポップさこそが水族館の大きな強みだと思っている。緻密な理論で武装した生物の保護運動は強固な信念を持った人々の支持を得ることはできるだろう。でもふつうに暮らしている人々の共感を広げていくことにはむしろマイナスになっているかもしれない。大学などの研究者の話には説得力がある。でもやはり敷居の高さは否めない。他のよいところは学びつつ水族館は水族館らしく歩んでいけばいい。

　環境保全について語る水族館は多い。けれども水族館が環境を語ることは本来的に難しい。現代の水族館は自己矛盾を抱えている。自然を伝えようしているその存在そのものが極めて人工的であり、環境負荷の低減をいいつつ非常にエネルギー依存度の高い施設である。しかし、水族館がそのような存在であることを認めたうえで、さらにはその姿をもっとさらけ出したうえで、伝えられるメッセージもあるはずである。例えば自然の有形無形の恩恵である生態系サービスについて。私たちは、空気も水も当たり前のように使っている。そういった当たり前の源泉は自然の営みである。そのことはわかっていても実感しにくい。Tide4でマグロを飼っている水族館の大水槽の話をした。2000t以上の海水が高度の濾過循環システムの稼働によって清浄に保たれ、大水槽でクロマグロが群れ泳ぐ姿をご覧いただけている。濾過循環や水中への酸素の供給、照明などで大

写真 7.2　まるで工場のような濾過循環装置

Tide 7　水族館のこれから

量の電気を使っている。人の手間もお金もかかる。高エネルギー・高コストの巨大なシステムによってマグロが健康に過ごせる環境が維持されている（写真7.2）。そのようなことをこともなげにまったく比較にならないほどの膨大なレベルで淡々と続けているのが自然の海である。多大なエネルギーを使う水族館の施設構造をわかりやすく見せることで、はるかに巨大な生態系サービスの恩恵を具体的にイメージさせることもできるかもしれない。

　社会が変わるのはどんなときなのだろう。これは歴史に学ぶしかない。戦争、革命、天変地異、その他にもあるだろうが、端的にいえば、さまざまな矛盾の蓄積、不安の広がり、そしてずっと続く今に飽きるという要素が重なったときだ。社会は生きものとの関係を結び直す時代へと変わっていく。もう動きはじめているその転換点の先端近くに水族館と動物園はいるのではないか。なにしろ矛盾を抱え放題、いいしれぬ不安は数え切れず、そして本音をいえば、ちょっと目先を変えるくらいではみな飽きてきている。

（3）水族館のこれから

水族館のデザイン

　水族館のデザインと聞いて何を思われるだろうか。エントランスや特徴的な建築物の造形を思い浮かべるであろうか。水族館の外観も重要なデザインである。地域のランドマークになっている水族館もある。いっぽうで広義の意味では水族館のパンフレットもデザインであるし、展示の解説や飼育生物のラベルもデザインのひとつといえるだろう。水族館が発するカタチのひとつひとつがデザインと思ってもらえればいい。人がその施設の印象を決定づける重要な要素にデザインがある。このようにデザインは意匠としてもちろん重要であるが、ここでは水族館と拡張されたデザインの関係についてもう少し考えてみたい。

　デザインは人の無意識のレベルにはたらきかけて何か特定の行動を促すような力をおそらくは持っている。認知心理学における概念とは異なるが、デザインの分野ではそういった特定の行動を誘発する形状や力の持つ意味をアフォーダンスという。平面にちょっと出っ張ったボタン状のものがあれば押したくなる、ちょうど目の高さくらいに穴の開いている壁があれば覗いてみたくなるように。アフォーダンスを強調したり逆に拒否したりした形状のものは、それが意図したものか否かは別としても現在の都市空間にはよく見られる。例えば駅のホームなどに見られるゴミ箱がそうだ。上部が斜めに傾斜し、捨てるものによって投入口の形状が異なるゴミ箱は、分別を促すアフォーダンスと上部に何か物を置くことを拒否するようなアフォーダンスの両方を持つようにデザインされている。道路のカーブなどの手前に斜めにプリントされた白線は、人の視覚特性で道が狭くなったように感じさせ、運転している自動車の速度を自然に減速させるようなアフォーダンスを持つデザインといえるだろう。優れたデザインはさりげなく、けれ

ども強いアフォーダンスを持つ。水族館でもアフォーダンスを意識したデザインは今後、大きく拡張していける余地が多くあると思う。このような視点から水族館を見てみるのもおもしろい。

　デザインは利用する人に様々な利便性の向上などの恩恵をもたらすが、デザインの恩恵から疎外されてしまう人もまた存在する。そのような人にどう寄り添えるかということも対処すべき重要な課題である。「バリアフリーデザイン」という言葉を聞いたことがあると思う。道具や設備などを身体障がい者が使用しやすいように改造するなど、障壁になっているものを取り除くデザインのことだ。1970年代以降に広く知られるようになった。1990年代以降には「ユニバーサルデザイン」が唱えられるようになった。身体障がい者のためだけでなく、汎用性を持たせ一般の利便性が向上するようなデザインのことである。よく実例として示されるのがシャンプーやリンスの容器側面に付けられた凹凸形状だ。シャンプーとリンスで形状を変えているので、目が不自由な人でも手で触ればシャンプーなのかリンスなのか区別がつく。シャワーを浴びて目を閉じていても触ればわかるというデザインで目の不自由でない人にとっても便利である。さらに近年では「インクルーシブデザイン」の普及を進めようという潮流もある。インクルーシブとは包摂のことだ。高齢者や外国人など利便性を高めるデザインから排除されてしまっている場合があるが、そのようなデザインを本来は必要としている人々にデザインをつくり出す段階で加わってもらうという方法をとる。今後、超高齢社会に向かう日本では何らかの障がいを持った人が少数という社会ではなくなる。日本語以外を母語とする人々が日本に来たり暮らしたりすることもさらに増えていくだろう。多様な人々を包摂しようとするデザインはいっそう求められるようになるに違いない。水族館はダイバーシティ（多様性）を大切にしている。それは生物の多様性ばかりではないのではないか。様々な多くの人に水族館を利用して楽しんでほしいと願っている。そうであるなら、水族館はインクルーシブデザインのアプローチを積極的に促進していくことになるはずだ。

　デザインのアプローチについては、なにも理念的な面や広義の福利の面からばかりで重要性を強調しているわけではない。水族館は利用者がいることで成り立っている。当たり前のことのようであるが公立の施設の場合は、時にこの視点がぼやけてしまうことがあるように思う。もちろん、公立の施設なので国民、都道府県民、市町村民のための施設としての意義は十分に考えられているだろうが対象の具体像は必ずしも明確ではない。人が有料の水族館を利用しようと決めるときの要因は何だろう。商品の消費要因は、価格、機能・性能そして体験の3要因といわれる。どのように価格決定をするか、機能・性能をいかに向上させるか、体験価値の付加・創造をどうするか、本来はこの3要因のバランスをいかにしてとっていくかが経営の腕の見せ所である。これを水族館に当てはめてみると、価格（入場料金）、機能・性能（飼育生物・展示・ガイドプログラム等）、

体験（イベント等参加・展示観覧・居心地等）となるだろうか。公立の水族館の場合、価格（入場料金）は条例などで定められ、個別の園館や管理運営母体（指定管理者等）に決定権限がないこともある。飼育生物・展示・ガイドプログラムなどについては、飼育展示や教育普及部門の水族館職員が専門とするところでいろいろな工夫をしている。水族館の広義のデザインを担う職能を仮に水族館デザイナーと呼ぶとすれば、水族館デザイナーは準備した展示やプログラムの数や質というスペックの向上ではなく、それらを利用する人がどのように感じるのかということを突き詰めていく。スペックだけでなく「いい感じ」を利用者が持てるようにするデザインを考えていく。利用者の、あえていえばという条件付きのニーズやウォンツではなく、眼差しや感覚そのものを拾っていく。まだごく一部であるが、水族館でこのようなデザイン思考を経て水族館をデザインしているように思えるところも出現しつつある。今後、飼育動物の種数や頭数といった数量、展示水槽数、ガイドツアー数、水槽の大きさなどのスペックではなく、水族館自体の環境性能、居心地の良さや上質の体験といった観点からも水族館が評価されるようになるかもしれない。その時には各水族館の積み重ねてきたデザイン思考の厚みが効いてくるのではないだろうか。なにか特別なモノ・コトに魅かれているわけではなく、言葉で表現しにくいけれどいい感じで好き。そう感じる水族館はないだろうか。もしあるのなら、デザインという視点でその水族館をもう一度見て感じてほしい。水族館と自分についての新たな発見があるかもしれない。

移動水族館にできること

　ここでひとつ、移動水族館という事業についてお話ししておきたい。移動水族館はその名のとおり出かけていく水族館だ。水族館は通常、どこかの場所に設置されている。海辺にあったり、森の中にあったり、あるいは都会のビルの中にあったりといろいろであるが、そこから動いたりはしない。水族館では多くの人に水族館に来て多種多様な生きものを感じてもらいたいと思っている。タイミングが合えば、解説スタッフによる館内ガイドや飼育スタッフによるトークを聞くことができる。講演会などのイベントや期間限定の特設展も開催されているかもしれない。水族館は来ていただいた人に水の世界と生きものについてたくさんのことをお伝えできる。予期せぬ感動があるかもしれない。そう、来ていただけさえすれば。しかし、なかなか水族館を訪れることが難しい人も多くいる。病院の小児病棟にずっと入院している子どもたち、障がいのある人たち、高齢で福祉施設などにいる人たちなどは、やはり来ていただくのは難しいことがある。ホームページで動物の情報を発信しているといっても、本物の水界の生きた生きものをすぐ近くに感じられてこその水族館だ。

　私は以前、東京都内にある動物園に勤務していた。年に一度、近隣地域にある病院の小児病棟から難病で入院している子どもたちがたくさんの病院スタッフや家族の支えで動物園にやってくる。ほとんどの子は車椅子かストレッチャーに乗って介助されている。

自力で車椅子を動かせるような子の方が少ない。酸素吸入のボンベを付けている子もいる。話を聞くと外出許可がおりるのは年に何度もないという子も多い。その貴重な外出の機会に動物園を選んでくれている。けれども動物園に長くは滞在できない。1～2時間くらいが限度のようだ。動物園の解説員は随分と前から入念な準備をして迎え入れ、希望に沿って動物解説をしながら案内する。対応の仕方はそのときの子どもたちに合わせるが解説の内容はいつもどおりでしっかりとガイドする。動物と間近に接した子どもたちの反応は健康な子どもたちと何ら変わりがない。呼吸が苦しい子もいるだろうが、表情が豊かになり目は輝いている。動物の写真を撮り、動物園の動物といっしょにいる

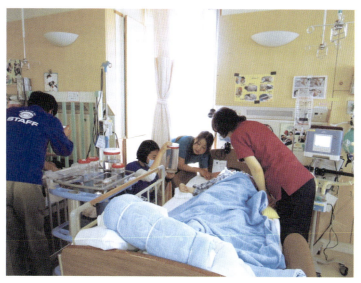

写真7.3：葛西臨海水族園の移動水族館車　うみくる号（上）、病室にて（下）

Tide 7　水族館のこれから

自分の写真を撮ってもらう。なんでもないそんなほんのちょっとしたことかもしれないが、その表情は幸福感に満ちている。この子がこんなにしゃべってこんなに動くなんてと驚かれることもある。小さな幸せの花が咲く瞬間を、解説している動物園の解説員も介助している病院のスタッフも難病の子どもたちの家族もきっと感じているに違いない。動物園や水族館が届けられたらいいのに届けられないところが確かに存在している。その思いはずっとあった。

葛西臨海水族園では 2015 年から移動水族館事業を本格的にスタートさせた。簡易的ではあるが、海水の濾過循環・温度調整システムを搭載した水槽2つを持つ移動水族館専用車両「うみくる号」をメインにして、おもに東京都内の病院の小児病棟や社会福祉施設などに出かけていく（写真 7.3）。水族館に行きたくてもなかなか行くことのできない層を対象にしたものである。最初は手探りの連続であったが担当職員の情熱と創意工夫で、幸いにも行く先々で好評である。しかし、移動水族館の事業スキームそのものが最近の公立水族館をとりまく状況からするとかなりの逆風の中にあったはずである。コストに見合ったリターンはあるのか、また来てくれるリピーターの獲得につながるのか、収益が増加するのか、利用者は増加するのか、教育的効果が十分に得られるのか、野生生物の保全に役立つのか、効率性は考慮されているのか等々。率直にいって、

ある日の水族館シリーズ⑦　　コラム 14

「ある日の移動水族館」

「忘れ物はないかな？それでは出発しよう！」。東京湾とサンゴ礁の生き物を乗せた「うみくる号」と磯の生き物を乗せた「いそくる号」が動き出す。

訪問先に到着すると手際よく準備を進める。「うみくる号」のスロープを出し、水槽の蓋を開け、「いそくる号」から磯の生き物を下ろしてタッチプールに入れていく。

いよいよ移動水族館がオープン！参加者のみなさんがやってきた。「うみくる号」の水槽では「サンゴ礁に棲む魚だって、きれいだね」「アジだ！昨日のお昼に食べた！」などの感想が聞こえる。そして、ふれあいコーナーでは「ウニのトゲって意外と痛くないんだ」「ヒトデの足はたくさんあるんだね」などの声に混ざって「うわ〜、ナマコだ、気持ち悪い」、「かわいい」、「無理〜」などの声も聞こえてくる。ナマコを見たり触ったりした感想は色々だが、みんなを笑顔にしてくれる不思議な存在なのである。

訪問先のスタッフの方々から、「普段は新しいものに興味を示さない人が積極的に生き物に手をのばしていたので驚いた」「あまり笑わない方の笑顔が久しぶりに見えた」などの声がよく聞かれる。生き物のすばらしさなどを伝える教育普及活動のねらいとは異なるこれらの反応は、生き物がもつ力によって引き出されているのではないかと、我々は強く感じる。

これからも多くの方々に、海の生き物の楽しさを伝えるために「うみ、とどけます」。（雨宮健太郎）

7.3　これからの水族館

これらの評価軸で葛西臨海水族園の行っているような内容の移動水族館事業をみてみれば厳しい評価ばかりとなってしまう。そもそもそれは計画段階から見込まれていたもので、それでも東京都はこの新規事業にゴーサインを出してくれた。専用車両を用いた移動水族館事業は東京都の他にも沖縄県の沖縄美ら海水族館や福島県のアクアマリンふくしまで運用されている。葛西臨海水族園の移動水族館車は沖縄や福島の車両を参考にさせてもらい、それらとはちょっと違うものをつくった。車両や運用の仕方はそれぞれだが、複数の都県で「できたらいいな」がかたちになって届けられていることは共通である。今後、移動水族館がもう少し普及してもいいように思う。後押ししてくれる人の声が集まればきっと実現できる。

「いい加減」で折り合いをつけていく

　水族館という存在は少し斜に構えたいい方をすれば半端である。そして二律背反とメッセージの欺瞞とを内に持っている。野生生物の保全に貢献はしている、これからもしたい、けれど今のような水族館の展示を継続するには自然から野生の生きものをとることも続けるしかない。命の大切さを伝えたい。個別の生きものに愛情を注ぐこともあるし、動物の個体を慈しむ動物愛護の考えを否定しない。でも食べるために動物を殺すことは是とする。むしろ命をいただくことの意味や大切さを子どもたちに伝えていきたいと思っている。自然へいざないたいといっておきながら、水族館自体は極めて人工的な施設であり、設備を稼働するために大量のエネルギーと水を消費し続ける。生きものや自然に関する相反することが詰まった施設ということができるかもしれない。研究もするが研究所ではない。調査はするがリサーチセンターでもない。野生生物の保全活動はするが保全センターそのものではないし下部組織になりたいとも思わない。学びの場でありたいと思うが教育機関かと問われれば必ずしもそうと断言できない。やはり半端である。自然科学の作法に従った科学的アプローチを好んで使うこともあるけれど、そうでないことも少なくない。動物学、分類学の基礎のうえで正しく伝えたいと思い、似非科学の跋扈に辟易しながらも日本の妖怪には魅力を感じて時に夢中になったりする。半科学、半生態学、半保全、半教育と「半」を頭につけてみると少しは実態に近い印象になる。半端というと聞こえが悪くなってしまうが、やりすぎない、バランスをとる、ほどほどにというスタンスは生きものと持続的に関わりたいと願っているものにとってじつは矜持としていなければならないことなのではないか。妥協できる「ちょうどいい加減」で折り合いをつけていくことは肝要である。

　人のすることに自然の生きものは合意したりも反対だといったりもしないだろうから、まあこのくらいなら、という人の側の塩梅が大切なのだろう。ほどほどのちょうどいい加減というのは難しい。その時に基準というか基本の考え方や態度は、互いの関係が非対称になり過ぎてはいないか、無理しすぎたものになっていないか、長期的に維持できるかといったことにあるのだと思う。

Tide 7 水族館のこれから

　単一の機能向上を求め過ぎないことも大切なことだろう。水辺でいえば、米の生産性のみを高める水田や排水機能の高度化した川からは生きものが姿を消し、米の工場となり、排水路になった。人との関係では水田や川での漁撈がなくなっていった。漁撈とは文字通り漁をすることで、魚などの水族をとる行為を指す。必ずしもとった魚などを売って利益を出すことを前提としない行為を含む。日本には多種多様な漁撈があった。方法（釣り・網・カゴ・筒など）や対象（カジカ・コイ・エビなど）や場所（小川・田んぼ・磯など）も様々であった。稲作の合間の水田漁撈をはじめ、それらはあそび仕事でもあった。日本の伝統的な生業は「あそび」とともにあったことが持続するうえでおそらくは重要な要件であった。「あそび」にはいろいろあるが、楽しみの部分という意味での「あそび」に絞っても、あそび仕事やマイナーサブシステンスといった言葉で語られることの尊さもう一度思い起こしてみたい。複合していた生業は分断され単一化し効率化が進み「あそび」の部分が消えた。同時に人の生活圏の自然と文化は貧しくなっていった。そして「つとめ」は色あせ尊敬されなくなっていった。「かせぎ」を優先したはずなのに「かせぎ」も得にくくなっていった。

　いつの間にか水族館も集客力に磨きをかけ、保全・教育などの機能を高度化・純化させ、「あそび」の要素を削ぎ落として効率化の流れに乗ってしまっていってはいないだろうか。貧困や生きものから疎外され接点を失くしている人たちへのアプローチとともに、現在ではまったく儲けにはならない漁撈をはじめ、散在し分断されてしまった「あそび仕事」を取り戻せないかと考えている。水族館がそんなことに関わるなんて意味不明だろうか。野生生物の保全や生きものとの関係の結び直しにじつはかなり本質的に重要な課題になりそうだと思っている。

　日本の水族館は動物園とともに誕生し、日本の近代化の視覚装置として歩んできた歴史がある。強力なメディアとしての機能を持つ広告塔でもあり、自然を壊し続けて膨張する近代化の産物であるという一面を持つ存在が時に自然保護を語る。自然を理解しようといい、自然体験を促そうとする。個別の問題には触れずに大量消費社会を漠と批判する。野生動物を飼育することには自ら行為矛盾がある。水族館を少し知ればそれこそいくつもの矛盾を指摘することができるだろう。水族館の内部にいる人もその矛盾は十分すぎるくらいに認識している。矛盾を解消するためにはそれぞれを整合するように変えていけばいい。自然を理解しようなんて絶対いわない。海や川は危ないから水族館だけに来てくださいという。環境問題はややこしいから言及しない。大量消費社会を憂いたってしょうがないのでひたすら追認する。水族館はもともと水生の動物を飼って見せるところなのだからそれだけに徹する。生態展示なんてやめて費用対効果の観点から飼育展示生物を選定する。健康管理上の問題や消耗的であっても、たくさんお金を払ってくれるお客さまが望むようなやり方で動物のショーや給餌を行う。動物福祉などの配慮は法にふれなければいい。水族館がそうすれば矛盾もなくすっきりとする。でもこんな

水族館、私は嫌だ。水族館に来てくれる多くの人々も望まないだろう。逆の方向で矛盾を一気に解消しようとすれば、水族館は自らの存在を抹殺しなければならない。これもできない。

　水族館の役割は変化してきており、娯楽の提供の場だけではなく、これからは生物多様性の保全、環境教育にも貢献していかなければならないという識者は多い。自然の大切さを多くの人に伝えていかなければならないと。たしかにそうであろう。けれども、そこに留まった活動で満足するわけにはいかない。これからの水族館は水族館そのものの姿がどうであるかということが問われる。水族館という施設の存在や活動が環境負荷をかけていないか、野生生物の保全にマイナスとなる要素を直接・間接に持ってはいないか、飼育動物の栄養面を含めた健康管理は本当に適切か、生物多様性の保全に貢献したいというなら水族館で販売する物品・食品類が生物多様性保全型の調達になっているのか、サプライチェーンを含めた厳しいチェックが必要だろう。そうしたことにもっと自覚的でなければ水族館は持続的な存在ではなくなる。それは相当に難しい。それでも諦めずにどうしたらよいのかを考え、もがき続けているのが未来を見据えた現在の水族館のひとつの姿である。もちろん、もがく以前の段階にいる水族館もあるが。

雨ニモ負ケズ…

　あれこれ言葉を紡いできたが、結局のところ水族館にできることは魚など水生生物を飼って広く人々にお見せすること、そしてそれを健全な状態で続けることがベースである。これに尽きる。水族館が日本に誕生して以来、公設、民設に関わらず不変にして普遍な唯一のことであり、そのこと自体に魅力があり価値を認め続けられたからこそ水族館は持続している。水族館が行う様々な活動に教育的価値を見出したり、野生生物の保全への貢献を目的として付加したり、おかれた時代の要請ともいうべきものに対応し続けてきたのが水族館のこれまでの歩みであった。これからは、環境教育や野生生物の保全のために水族館という装置が設置されているであるとか有効であるとかというような主従の逆転がいつの間にか起きてしまうことを見過ごしてしまわないように注意しなければと思う。繰り返しになるが、希少野生生物や生物多様性の保全に水族館が関わることを否定するものではなく、そのような取り組みに水族館が貢献することはできるだろうし、今後その役割を担うことへの期待はますます高まっていくとは思う。ただし、水族館が「保全」や「教育」をタリスマン（魔法の言葉が書いてあるもの）として大事に胸に抱え、それにすがるような未来の姿については憂慮する。いつの間にか「保全」が水族館生物の確保のみに矮小化されたり、「教育」が海に線を引いて囲い込むような方向に向かうことに同調したりしていないか常に自身を振り返ることが必要だろう。

　水族館には大いなる可能性があると思うができなかったこともたくさんある。水辺の自然が大切だといっていたって、ゲンゴロウの地域絶滅さえ防げない。人に感動をといったところで音楽やスポーツに勝てっこない。まじめなだけではおもしろくない。環境教

Tide 7　水族館のこれから

育なんておせっかいなだけでほとんどの人の人生に関係ない。魚の謎を知ったからって友人が増えるわけじゃない。魚がいるだけじゃ水族館じゃない。ない、ない、ない、を乗り越える答えを探し続けることを止めないのが水族館だった。水族館の歴史的歩みを辿(たど)れば、もんもんとすっきりしないことをすっきりしないまでもなんとか対応してきた足跡が続いている。これはともすれば反省点になるが悪いことばかりではない。生きものと人との関係で悩み、時に共に苦しみながら根拠はなくとも寄り添い、大丈夫だよといえる。しかもだれもが知っているメジャーでポップな存在として。そんな存在がこの世界にひとつふたつあったっていい。あり続けてほしい。それが水族館に求められるなら喜んでその役をこれからも引き受け続けよう。幸いにも今の水族館にはそんな思いを持って、あっちでつまずき、こっちで悩み、それでも諦めずにがんばろうとするたくさんの人たちがいる。近くの池の魚の様子がおかしい。つぎつぎに死んでいく。病気かもしれない。心配だという声があれば、なんとか仕事のやりくりをして現場に向かう。すっきり解決できるとは限らない。どうしたのか、なにかできることはないかと行動する。赤潮が出ればそわそわし、スルメイカが不漁だと聞けば気をもんだりする。よせばいいのに絶滅しそうな南の島の小さなカタツムリを増やそうとしたり、都会の外れの片隅でいつの間にか姿を消そうとしているイモリの池を心配したり、そんなことをしていたらきりがないのに弱ったウミガメの仔を預かってしまったり。それが水族館の集客に結びつくのかとか、そもそも本来業務なのかどうかはわからない。でも困っている人がいて、地域に存続が危ぶまれるような動物がいる。なにかが起こっているかもしれなくて、そして水族館に相談してくれるのだから何とか力になりたいと思う。力になれないかもしれない。いっしょに困ってしまうだけかもしれない。大して役に立たないかもしれないし、科学的に素晴らしい大発見なんてきっとないだろうし、大儲けなんて縁がないに違いない。いっしょにオロオロするだけでデクノボウと呼ばれてしまうかもしれない。けれども苦にもされない。

　もとは生態学分野の用語でもあった共生という言葉が方々で使われるようになって久しい。共生はただ同じ場所で仲良くするということではない。時にはお互いの領域に踏み込まないことも共生である。多様な生きものとの共生、多様な人々との共生が謳(うた)われる。共生社会の実現をという。共に生きようと。でも、いっしょに悩んだり、いっしょに困ったりできなくて共生なんてできっこない。共に生きることは共に苦しむことができることだ。共に苦しむことをも引き受けることだ。水族館には共生社会に貢献できる資質くらいはありそうである。

大人はどうする？

　子どもたちのために何ができるだろうかと考えるのが大人である。子どもは親を助けようとは思ってくれるかもしれないが大人たちのために何ができるだろうかとは考えないし、子どもたちのために何かできないかとも考えない。考えるようになったら大人で

ある。都市において水族館は自然への窓である。自然へといざなうことも水族館の使命のひとつである。では自然へといざなおうとするときに大人が子どもたちに対してできることは何だろうか。それは子どもたちと海や川へ行き、思い切り笑い声を響かせることだ。自然に畏敬の念を持ちつつ自然を楽しむ、自然の中で遊ぶ、海の幸、川の幸を味わい、楽しさを、喜びを、おいしさを全身で表現することだ。子どもたちに大人っていいな、すごいなという姿を見せる、見せつける。大人が何か素晴らしいことをしていると聞いたとしても、全然幸せそうでなければしようがない。苦役にもだえ疲れ切って沈む姿や労働時間から解放された後に憂さを晴らすような行動をする大人に何か説かれても心に響いたりしないだろう。大人っていいな、なんて思うわけがない。子どもたちを前にして大人は自分自身が大いに自然を楽しもうではないか。子どもといっしょに楽しもう。遠慮はいらない。それが子どもたちのために大人ができることだ。どうやって楽しんだらいいかわからないって？そんなときこそ水族館の出番だ。来て、聞いてください。

水族館は、その時代の人と生きものの関係を映す鏡でもある。その鏡に未来はどう映し出されるのだろうか。日本の水族館の未来を語る大人はそれなりにいる。超少子高齢社会、経済の低迷、企業・自治体の動向、地球規模の気候変動、環境破壊、動物の権利運動、生物絶滅の加速、エネルギー問題等を考慮するとこうなりそうだ、と。だいたいは困難が山積みされた未来が想定される。そうなっても水族館が生き残るにはこうすべき、少なくとも自分たちの水族館が生き残るにはこうしなければならない、など。そろそろ、そういった思考の檻から抜け出したい。「こうなる」ではなくて、いまこそ、「こうしたい」「こうなりたい」を水族館に関わる人々が総力で表現し発信するときではないか。なりふり構っている時間はもうあまりないように感じている。設立母体に関わらず公的な存在である水族館は動物園とともに都市における必置の機能であり、浸潤された自然を補完する役割を担いつつ、自然とつなぐ窓の役割を将来に渡って担い続ける存在であると思う。だから都市化が進めば進むほどに必然的にその存在意義は強くなる。都市にこそ水族館は必要である。

『大人のための動物園ガイド』編著者の成島悦雄さんは同書の最後で、「Zoo is the peace」（動物園は平和そのもの）という、戦前・戦中・戦後を通じて日本の動物園界に大きな足跡を残した古賀忠道元上野動物園長の言葉の紹介に、自身の平和を希求する思いを添えて筆を置いている。この思いにまったく同感である。ただし戦後の平和という言葉があまりに美化されすぎないように注意したい。そして戦前・戦中に日本の水族館・動物園とそれらに関わる人々がしたこと、しなかったこと、できたこと、できなかったことの事実の記録は水族館・動物園自らがもう少し広く知らせ伝える努力をしなければと思う。これは私自身にも課せられたものと思っている。未来を語る資格は今を諦めず、過去を真摯に顧み、学ぶことのできる人に与えられるものだろう。水族館も動物園

も平和が保たれていればこそである。私には母語である日本語の方が言葉の馴染みがいい。終わりに日本語でいおう。

　水族館は平和の賜物である。

おもな参考文献

石田 戢：『日本の動物園』東京大学出版会、2010 年。
打越綾子：『日本の動物政策』ナカニシヤ出版、2016 年。
ケン・トムソン（屋代通子訳）：『外来種のウソ・ホントを科学する』築地書館、2017 年。
佐渡友 陽一：「日本における動物園の過去・現在・そして将来」『Zoo よこはま』99 号、2016 年、4-9 頁。
濱田武士：『魚と日本人　食と職の経済学』岩波新書、2016 年。
中村 元：「渇きを癒す水族館」『水の文化』44、2013 年、16-19 頁。
成島悦雄ほか：『大人のための動物園ガイド』養賢堂、2011 年。
日本動物園水族館協会：『日本動物園水族館年報（平成 28 年度）』公益財団法人日本動物園水族館協会、2017 年。
フレッド・ピアス（藤井留美訳）：『外来種は本当に悪者か？』草思社、2016 年。
正木 晃：『仏教にできること　躍進する宗教へ』大法輪閣、2007 年。
ヘレナ・ノーバーグ＝ホッジ（懐かしい未来翻訳委員会訳）：『懐かしい未来』懐かしい未来の本、2011 年。
溝井裕一：「「魚を横から、下から見ること」の文化史－ローマ式養魚池から博物誌、ヴンダーカンマー、金魚鉢、水族館まで－」『関西大学文学論集』第 65 巻 3、4 合併号、2016 年、77-113 頁。
柳父 章：『翻訳語成立事情』岩波新書、1982 年。

Tide 7「水族館のこれから」のツアーを終えて

あゆ　　　水族館も、よどみに浮かぶうたかたかもね。あ、悪い意味じゃなくて。
さより　　そうねえ。かつ消えかつ結びて久しくとどまりたるためしなし。
ひらまさ　なんですか？うたかた？急に古い言い回しに…。
ふく　　　もとの水にあらず…。水族館の存在もそうかもしれませんね。3 人のみなさんはここが最後なのでどうか思う存分語ってください。
ひらまさ　はい。あの、そういえば水族館ってお正月の元日や二日から営業しているところ多いですね。
ふく　　　動物を飼育している水族館や動物園は基本的に年中無休、毎日、飼育動物の世話が必要です。その点ではお正月もお盆も普段の日も変わりません。お客さまをお迎えする営業はまた別の準備が必要になりますね。
あゆ　　　お正月は家で家族とテレビで駅伝だなあ。「久保田」を冷でちびちびやりな

	がら箱根駅伝をライブで見るの。両親が青学出身なので最近はすっごい盛り上がるー。
さより	あゆさんは若いのに日本酒好きなのね。「久保田」もいいけど「又兵衛」いいわよ。
あゆ	「又兵衛」、福島いわきの地酒だね！
ひらまさ	なんか話が水族館と離れていってますが…。大丈夫でしょうか。
さより	どんどん語っていいっていってたじゃない。ふく飼育課長がなんとかつなげてくれるから大丈夫よ。
ふく	ここでふられましたか。え〜と、地酒は…。
あゆ	ふく飼育課長はお酒だめなんでしょう。いいよ、無理して飲まなくても。このお猪口、カニの絵が描いてあってかわいいでしょ。
ひらまさ	カニはいいですけど、ちょっと、いつの間にお猪口を…。みんなで飲んでいるように聞こえるじゃないですか。みんな飲んでませんよー。
あゆ	カニって磯でも砂浜でも水辺を描いたイラストとかマンガにけっこう出現するんだよね。だいたい赤くてハサミが強調されていて。でも実際に水辺にいってもあんなには見かけないじゃないですか。水辺のカニってなにか日本人に特別な思いがあったりするのかなって。
ひらまさ	う〜ん。そろそろ最後のまとめですよね。ますます答えのない世界に行きそうですけど。
さより	ああ、そういうの動物観っていうんでしょ。専門に研究している学者の先生もいるらしいわね。動物をどう見てきたか感じてきたかとかね。カニだからカニ観かしら？
あゆ	カニ缶？なんかおいしそうな研究！「カニ缶イラストに見る日本のカニ観研究」…。どの分野の研究課題になるかな。
ひらまさ	マグロだったらツナ観（缶）？あっ、すみません。またあゆワールドに…。
ふく	缶詰シリーズはそれとして、水族の動物観（水族観）については水族館でもテーマにしていいのではないかと思っています。漠然と文化の相違とかいって西洋と東洋との違いを論じるより具体的なアプローチになりそうですね。なにをどう分けて、どう名づけているかは大切な見方だと思います。
さより	水族館は半端な存在みたいにいっていたけれど、そんなに水族館を卑下しないでいいと思うの。水の生きものについてこれほどいろんなことから専門外だからとかいって逃げないで向かい合っているところってないでしょ。この年齢（とし）でも水族館に行って感動することもあるのよ、本当に。水族館って予期せぬ感動付きだったりするの。
ふく	ありがとうございます。そういっていただけると。でも正直にいうと、人に

Tide 7　水族館のこれから

　　　　　　感動や勇気を与えるということでいえば、魂のこもった一曲の歌やダンス、全身全霊でぶつかるスポーツの一試合にかないっこないって思うときがあります。理屈をこねている間はこの先もずっと。でもいつかはそこへとどきたいって思っています。

あゆ　　あの、ひとつ内緒っていうか、いってなかったことをいってもいいかな。動物園とか水族館で「ドリームナイト・アット・ザ・ズー」ってやってるところあるじゃないですか。

ひらまさ　ああ、障がいを持った子どもとその家族を夜の動物園や水族館に招待する特別なイベントですね。

あゆ　　そう。よく知ってるね。障がいっていってもいろいろあって、身体じゃない障がいとかだとけっこう偏見にさらされることもあるんだよね。そういう障がいのある子だと急に大きな声を出してしまう子もいて、周りに迷惑をかけてしまうかもって気兼ねして水族館とかに連れていけないんだ。私の親戚の子が障がいがあるの。去年、水族館の「ドリームナイト」に応募して当選して、その子と家族が招待されて。招待状とか届くんだよ。すごくかわいいの！みんな大喜び！それで、いつもは閉まってる夜の水族館って特別で興味があったから家族に紛れてついていっちゃった。告白します。すみません。

ふく　　まあ、親戚も付き添いで家族の範囲ということで。

あゆ　　行った子はもう大喜び。館長さんが入口でひとりひとりをお出迎えしてくれるんだよ。で、親もすごく喜んでた。水族館に行くことができて喜んでいる子どもの姿を見てうれしかったんだね。その親戚のうちは障がいのある子の下にもうひとり健常者の小さい妹がいるんだけど、家族で行けないので水族館に行ったことがなかったんだって。いっしょについてきて、これがまた大はしゃぎ。水族館のバリアフリーって出てきたけど、設備とかだけじゃなくてなんていうのかな、心のバリアフリーみたいなのこそもっとできるといいな。幸せが広がるよ。

ふく　　「ドリームナイト」はオランダではじまり、日本では横浜の動物園がはじめて、東京都立の動物園水族園も毎年実施しています。「ハーティーナイト」とか「テンダーナイト」といっている園館もあります。日本の動物園や水族館で実施しているところはまだ多くはないですね。それでも20園館くらいには増えてきたようです。東京でもはじめようとしたときは逆差別になるのではないかと反対されたりしました。

ひらまさ　えっ？逆差別？どういうことでしょうか。

ふく　　「ドリームナイト」は特別、ですよね。障がいのある人にそうでない人と違うことをするのは差別なんじゃないか、つまり何かをすることが逆に差別し

	ていることになるというご意見です。障がいのある人に来てはいけないといってないのだから通常の営業時間内に来てもらえばいいと。
ひらまさ	さっきのあゆさんの話を聞けば、そういうことを気兼ねしてしまって行くことができないのが現実じゃないですか。家族も行けないんですよ。
あゆ	私もいっしょに行ってはじめて障がいのある子と家族は行きにくかったって知ったんだ。でも、一度行くと通常の時間でも行けそうって思ったみたい。もしかして移動水族館ってつぎの一手なのかな。
さより	そうね。来ることが難しい人へまさに「海を届ける水族館」ね。
ふく	みなさん、すっかりお見通しですね。移動水族館に取組んでいる水族館もまだまだ少ないのでもう少し増えてもいいかもしれませんね。
あゆ	なんか水族館についていろいろ知ったけど、ふく飼育課長にはわるいけれどなんだかスッキリしない。胸の奥でモヤっとしてる。単なる何かではないっていう何かはわかった。単なる娯楽施設ではないし、保全のためだけの施設でもない。学校みたいな意味での教育施設でもない。研究もするけど調査・研究機関でもない。水族館ってなにもの？
ひらまさ	ぼくも頭の中は整理されてきたのですが、心のモヤモヤ感が残りました。水族館は水族館だ、でもいいかもしれないけれど。なんだろう水族館って。
ふく	それでは水族館に行って、その自分自身のモヤモヤがどこからきているのか、自分が何を感じるのか、もう一度水槽の前に身を置いてみてはいかがでしょうか。モヤモヤを忘れるくらいの発見があるかもしれませんし、さらにモヤモヤするかもしれませんが。
さより	そのときはつぎに海や川に行ってみればいいのね。水面を渡る風に吹かれて。
あゆ	その答えは水の中、水と魚が知ってるだけ、かあ。自分がどう感じるか、何を求めるか次第なのかも。水族館のガラスはその時代と人を映しているんだね。
さより	ふと思ったのだけれど、水族館って絵本に似ているかもしれないわね。
ひらまさ	絵本、ですか？
さより	そう。私には小さい孫がいるのだけれども、読み聞かせっていうのかしら、絵本をいっしょに読むことがあるの。いまは人生3回目の絵本の季節。自分が子どものとき、子どもが小さいとき、そして孫で3シーズン目ね。子どもが喜んでくれたり、将来の糧になりそうと思って絵本を選んでいっしょに読むのだけど、自分でも読んでいろいろな発見や新しい解釈ができたりして、はっと思うときがあるの。昔、何度も何度も読んだはずの絵本でもそう。水族館もそういうところがあるわね。
ひらまさ	ぼくには子どもはいませんが、絵本はたまに読むことがあります。絵本には

Tide 7 水族館のこれから

世界のことすべてが描かれているわけではもちろんありません。でも大切なことのエッセンスはつまっています。ああ、そうか、自分がなぜかふと水族館に行ってみたくなるのは。

あゆ　そこから広がる世界…。たしかに思い出すなあ。大切な何か。

ふく　子どものためのもののようで大人にも必要なものかもしれませんね。

あゆ　私が読んでた絵本、食べものがたくさんでてくるんだ。ああ、なんか本格的にお腹が空いてきちゃった。ヤバい。

ひらまさ　あ、ぼくもです。

さより　あら、なんででしょう。まだ早い時間なのに、私も。

ふく　では、みんなでゴハン食べにいきましょうか。江戸前の天ぷら、どうです？

あゆ　お寿司じゃないんだ。ま、いっか。天ぷらも日本酒合うしね。（笑）

大人のための水族館ガイド

おわりに

　最後までお読みいただき、ありがとうございました。いかがだったでしょうか。本書を執筆するにあたって、水族館や動物園に関する本を読み返してみた。ふと気がついたことのひとつに、動物園について書かれた本には水族館との対比のような箇所はあまりないのに対して水族館の本では動物園との比較が随所に出てくるということがあった。本書の執筆者も水族館と動物園との比較をどこかで行っている。その理由はなんとなく分かるのだがここでは書かずに終えることにしよう。

　日本動物園水族館協会の成島悦雄専務理事には、折にふれてご助言をいただくとともに本書の企画のきっかけをいただいた。養賢堂の加藤仁氏には企画段階から海川のものなのに山のようなアイデア・ご提案をいただき、粘り強く出版まで後押しをいただいた。深く感謝いたします。今回はとてもすべてには応えきれていないが、水族館について考えるうえで非常に示唆に富むものがたくさんあった。いずれどこかでぜひ書いてみたい。

　2011年3月11日に発災した東日本大震災では、日本中の水族館・動物園が協力して被災地の水族館・動物園の救援にあたった。物流が断絶し情報が錯綜した混乱状態のなかにあって、発災から1週間で被災地の園館へ飼育動物の餌を運び、施設が被災した飼育動物の避難作業をしていたことはしっかりと記憶に留めておくべきことだと思う。東北では道路が寸断され、ガソリンなど自動車の燃料の給油もままならず、電気・水道・ガスといったライフラインが機能不全の状況にあった。福島では原子力発電所が水素爆発を起こしていた。東京などの都市でも物資が不足し計画停電が行われていた。そのような状況下でも日本の水族館・動物園のネットワークは確かに機能していた。他の業界では考えにくいことかもしれないが、日本動物園水族館協会加盟の水族館・動物園では、重要な「資源」である飼育動物を互いに貸し借りすることが日常的に行われている。どの園館にどんな動物が何頭いるか、そのおもな特徴・特性などの情報も共有化されている。特に動物園では希少な動物種を中心に動物園での繁殖を進めており、最適な組み合わせになるよう園館を越えて繁殖を行うことが常態となっているためである。人気動物のホッキョクグマやアジアゾウであろうと適切な繁殖が目的であれば他園に貸し出すことをそれほど躊躇しない。平時に公設・民設関係なく動物の移動を含めた協力ができる体制が維持されている。飼育職員の人的交流も盛んである。災害復興の場でしばしばいわれることだが、「平時にできないことは非常時にもできない」。翻って、平時

にしっかりとした連携ができていれば災害時にも助け合うことができる、ということが証明された。いっぽうで水族館が電気をはじめ大量のエネルギーに依存した存在であることも再認識させられた。外部からの電力の供給が断たれれば、わずか数日間でさえ飼育動物の生命維持ができない。海獣類など哺乳類の動物の移送ができたものの魚類などは生きているうちに避難させることができなかった。電気というエネルギーひとつとってもそうだが、他にも様々な角度から水族館の持続性について考え、その体質を変えていく時期にきているといえそうだ。

　本書を読んでくださった皆さんが水族館にまた行ってみようかと思っていただけたら幸いである。そして海や川へも行ってみようと思っていただけたならとてもうれしい。さらには自分の心のどこかにざわつく風波を感じ、水族館や水辺に行ったあとに何か自分で行動してみようと思っていただけたとしたら、もっとうれしい。

　水族館は沈黙しない。海や川や湖を、田んぼや水辺の春を沈黙させない。生きものの賑わいに満ちたこの星で、人と生きものの歌を歌い、笑い、語り、伝え続ける。そう思ってくれる人たちと、そしてこの星の水と生きものたちと共にあり続ける。

　　　　　　　　　　　　　　　　　　　　　　　　　　　　　　　　　　錦織一臣

付録1 「さらに知りたい大人のためのブックガイド」

＊価格は2018年6月1日現在、税別。

【水族館の本】

1、『日本の水族館』内田詮三・荒井一利・西田清徳、2014年、東京大学出版会、3,600円

　「飼育することは動物対人間の関係としては人間の悪しき行い、悪行にほかならない」、「種の保全、研究などは飼育という悪しき行為に対する贖罪的な行為である」という著者のひとり、内田氏の緒言で始まる本書は、ガイドブック的内容は不要、哲学を語るという方針で書かれたという。しかし、非常にすぐれ現代水族館の解説書にもなっている。ただし、出汁がたっぷりで味付けも濃厚なので体調のよい時に読むことをお薦めする。

2、『水族館と海の生き物たち』杉田治男ほか、2014年、恒星社厚生閣、2,800円

　水族館や水生生物の研究者らが、水族館の歴史から設備、個々の生物種に至るまでを幅広く紹介している。設備に関する詳しい解説や魚病に関する記述など、専門家ならではの詳しい解説が注目される。水族館職員を目指す人や新人職員も必読の一冊である。

3、『水族館をつくる』安部義孝、2011年、成山堂書店、1,800円

　著者は上野動物園水族館にはじまり、葛西臨海水族園長、アクアマリンふくしま館長などを歴任した生粋の水族館人である。2つの大型水族館ができるまでを詳しく解説しながら水族館を「つくる」ことに特化し、ハード面や生物収集など、知識と経験の詰まった一冊である。

4、『新版　水族館学』鈴木克美・西源二郎、2010年、東海大学出版会、6,300円

　水族館の大家の二人による、水族館の発展を目指し、すべてを網羅した水族館で働く者のための教科書ともいえる一冊である。繰り返し読み返すことで、水族館にとって必要なことは何かを考えさせてくれる。

5、『水族館』鈴木克美、2003年、法政大学出版会、2,800円

　「水族館はなんのために存在するのか？」その答えを探そうと、何回も開いたのがこの本と同じ筆者による『水族館への招待～海と人と魚』である。ヨーロッパや日本での水族館の成り立ちや変遷が豊富な資料にもとづいて書かれ、水族館の有り様や在り方について様々な視点から論じている。水族館はどこから来て、どこへ行くのか、水族館人はもちろんのこと、水族館の存在に疑問を持つ方にも読んでほしい一冊。

【水族館の周辺領域の本】

6、『外来種は本当に悪者か？』フレッド・ピアス、2016 年、草思社、1,800 円

　日本では外来種を害獣・害魚、侵略者としてとらえ、問題を啓発する本はそれこそたくさんあるが、本当に外来種は悪者なのか？という視点で一般の読者向けに書かれた本はほとんどない。外来種に対する誤解をこれでもかというほど多くの事例で解いていく。参考文献も充実している。曇りなき眼差しで現実の自然を見るための一助としてお薦めしたい。もう一冊、『外来種のウソ・ホントを科学する』（ケン・トムソン、2017 年、築地書館）も。

7、『マンガで学ぶ動物倫理』伊勢田哲治・なつたか、2015 年、化学同人、1,100 円

　動物倫理に関するマンガの中で、というよりも、現在日本で発行されている動物倫理の入門書として最高の本。人と動物が巻き起こす 10 の難事件のマンガを導入として、動物の権利や動物福祉のこんがらがった糸を見事に錯綜したまま整理して読者に分かりやすく示してくれる。迷ったら買うべし。そしてすぐに読むべし。動物園だけでなく水族館に関わる人も動物倫理について否応なく対峙することになる時代はもうはじまっている。イルカを巡る諸件は彼方の遠雷ではない。

8、『水族館発！みんなが知りたい釣り魚の生態』海野徹也・馬場宏治ほか、2015 年、成山堂書店、2,000 円

　日本の水族館の釣り好き職員が書いた、釣りの対象になっている魚の生態に関するありそうでなかった本。自分が知りたいことを仕事でも調べられるなんて、釣り人でもある水族館職員はどれだけ幸せな人たちなのだろう。他の職業に就いている釣り人がそう思わないはずはない。釣りが好きで水族館も好きという人はこの本を読まない理由を見つけられない。

9、『動物園の文化史』溝井裕一、2014 年、勉誠出版、2,600 円。

　本書の執筆者のひとり、溝井さんによる水族館ではなく動物園の本。副題は「ひとと動物の 5000 年」。文化が遺伝的なものを除いた、人の個人的・社会的な生活をおくるうえでの必要な知恵・技術・情感・行動などすべてを指すとしたら、動物園や水族館の歴史とは自然に対して文化をひたすら浸透させていく過程のうえに常にあったともいえる。5000 年の浸透過程を経て今があるのか。

10、『漁業と震災』濱田武士、2013 年、みすず書房、3,000 円

　本書の執筆者のひとり、濱田さん渾身の一冊。日本の水族館の隆盛は一面では漁業が

盛んであった国柄を基底に持っている。魚食文化や地域の漁撈文化は日本の水族館に少なからず影響を与え続けてきた。本書は単に東日本大震災で生じた漁業現場の事態を書いたものではない。自然の中に生きる人と魚と社会の関係を漁業の視点から深く考察したものである。日本の水族館の背景や基盤を考えるうえでも必読書のひとつになるだろう。

11、『大人のための動物園ガイド』成島悦雄ほか、2011 年、養賢堂、1,800 円

　本書に先んじて出版された大人のためのガイドの動物園版。最初の 1 章を読めば動物園に行かないわけにいかなくなる。飼育動物の個体管理、動物園動物の保全のためのネットワークや動物園動物を対象とした写真撮影など本書『大人のための水族館ガイド』ではあまり言及していない事項も詳細に掲載されている。ぜひ併せて読んでほしい。2016 年版からは写真が一部カラー化され 2,000 円に。

付録2　海外に行ったら訪れてみたい水族館

　海外にもとても魅力的な水族館が多数ある。その中からアメリカとヨーロッパを中心に大人が楽しめそうな水族館をいくつか紹介する。ご旅行の際、行き先のひとつに加えてみてはいかがだろうか。

　＊入場料は変更になっている場合があります。

1　モントレー湾水族館（モントレー、アメリカ合衆国）
　　〜水族館がお手本にする水族館〜

　入場料：大人 49.95 ドル　子ども 29.95 ドル

　北米カリフォルニア州沿岸、陸地のすぐそばまで海底峡谷が迫る町モントレー。モントレー湾水族館は海洋保全に関する情報を世界に向けて発信する、アメリカを代表する水族館のひとつ。館内にはカリフォルニア沿岸に分布する海藻ジャイアントケルプの水槽やマグロ類を展示する大水槽の他、大小さまざまな展示が見られ、さらにここから発信されるプログラムに賛同する館外のレストランなどにもその影響力は広がり、人々の海洋への意識を高める活動を行っている。（河原）

2　ジョージア水族館（アトランタ、アメリカ合衆国）
　　〜既成概念を覆すフロンティア精神〜

　入場料：大人 35.95 ドル　子ども 3-12 才 29.95 ドル

　アジア圏以外で初めてジンベエザメを展示する水族館として 2005 年にオープン。海から離れた内陸部に大きな水槽を作ってジンベエザメを飼育するという発想がどれだけ常軌を逸していることか。それを実現してしまったジョージア水族館はまさに規格外。実は以前、ここで働いていました。すべてを語るにはスペースが足りない！
（河原）

3 モナコ海洋博物館（モナコ公国）
～歴史ある荘厳な佇まいの建物と最新アートとの融合～

入場料：大人 14 ユーロ　子ども 13-18 才 10 ユーロ、4-12 才 7 ユーロ　※ただし閑散期、繁忙期により料金が異なる

歴史ある建物の中に博物館と水族館が同居する。水族館好き、特にサンゴ好きであれば知らない人はいない「モナコ方式」と呼ばれるサンゴ水槽には大きく成長したサンゴが見られる。また、古くからの伝統を守るだけではなく、現代アーティストとのコラボレーションによる特設展など、新しいことも積極的に取り入れる姿勢には大いに刺激される。（河原）

4 バッテン博物館水族館（ストックホルム、スウェーデン王国）
～北欧のセンスが光る水族館～

入場料：大人 120 クローネ　子ども 3-15 才 80 クローネ

スカンセン（世界初の野外博物館）やヴァーサ号（唯一現存する 17 世紀の船舶）博物館などの観光名所があり、地元の人々の憩いの場でもあるユールゴルデン島。その一角に決して新しくも大きくもない水族館がある。しかし、館内には良い状態で展示されているサンゴの水槽や狭い屋内スペースに生い茂るレインフォレスト、実際に屋外の沿岸から館内まで遡上するサーモンの展示等、見ごたえ十分。スタッフの腕とセンスの良さが光る。（河原）

5 ブライトン水族館（ブライトン、グレートブリテン及び北アイルランド連合王国＝イギリス）
～教会風のユニークな水族館～

入場料：大人 10.50 ユーロから　3才以下無料

　ブライトン水族館は、1872 年にオープンしたきわめて古い水族館である。設計者ユージニアス・バーチは、北イタリアのゴシック様式を応用し、内部を美しいアーチと支柱で飾った。その結果、ブライトン水族館は聖堂のような雰囲気をもつ。ブライトン水族館は、英国王エドワード 7 世とその王妃をはじめ、ヨーロッパの君主たちが好んで訪れる場所となった。第 2 次世界大戦の前後に何度か改造され、1968 年に約 24×9×3 メートルの大型水槽が追加されるなどしたが、現在も水族館チェーンのもとで「シー・ライフ・ブライトン」として運営されている。（溝井）

6 バーガーズ動物園（アルンヘム、オランダ王国）
～閑静な住宅街にある動物王国～

入場料：大人 22.50 ユーロ　子ども 4-9 才 19.50 ユーロ

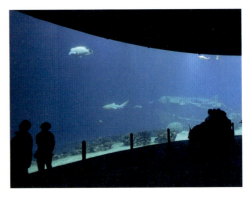

　水族館好きであれば、ここのサンゴ水槽を見るためだけでもヨーロッパへ行く価値あり、といっても過言ではない。水槽の大きさ、見せ方、状態が良く成長するサンゴは見る者を圧倒する。他にもサメが遠くから突然現れるように見える大水槽など優れた展示効果の水槽がある。水族館は動物園内の一部分で、陸上動物もレインフォレストやサバンナといった生息環境を模した大規模なランドスケープイマージョンの中で展示され、一日中楽しむことができる。（河原）

7 アルティス動物園水族館（アムステルダム、オランダ王国）
～ヨーロッパの水族館の歴史を感じる～

入場料：大人 23.00 ユーロ　子ども 3-9 才 19.50 ユーロ

　街中にあるアルティス動物園の中に佇む水族館。本園は 1838 年創立で、水族館は上野動物園と同じ 1882 年にオープン。歴史ある建物を今でも使用している。館内は

改修等も行われているが、本格的な水槽ろ過装置のはしりともされるロイド方式ろ過が現存し稼動する数少ない水族館施設。昔ながらの汽車窓式の展示水槽が天井の高く広い一室で見られるが、水槽内の生き物は状態良く飼育されている。動物園の他、2014年には世界初の微生物博物館「ミクロピア」がオープン。（河原）

8　オセアノグラフィック（バレンシア、スペイン王国）
　　〜地上に独特な建築物、地下には巨大水槽〜

入場料：大人 29.70 ユーロ　子ども 4-12 才 22.30 ユーロ

　ヨーロッパ最大級の水族館。芸術的なパビリオン形式の建物が地中海性気候のバレンシアの青空に映える。各パビリオンはそれぞれ地上と地下で結ばれており、鳥類園や鯨類スタジアムなど地上にある屋外施設の他、水族館部分などは地下にある。マンボウやサメ類などの大型海洋生物を見ることのできる大水槽や、地中海沿岸の展示の他に、日本沿岸をテーマにした水槽もある。（河原）

9　珠海長隆海洋王国（珠海、中華人民共和国）
　　〜全てのスケールが巨大〜

入場料：大人 350 元　子ども 245 元（通常営業時）

　マカオのすぐ近く、中国珠海に位置する、水族館をメインにしたテーマパーク。ホッキョクグマ、ベルーガ等の哺乳類や、ペンギンの展示に力を入れている。泳ぐコウテイペンギンの群れを、下から眺める「ペンギントンネル」は圧巻。水量 31000t のアクリル大水槽は、2014 年に世界最大アクリルパネルとしてギネスブックに登録され、ジンベエザメやマンタをはじめとした大型魚を見ることができる。（吉澤）

| JCOPY | <（社）出版者著作権管理機構 委託出版物> |

2018年11月15日 第1版第1刷発行

2018
大人のための
水族館ガイド

著者との申
し合せによ
り検印省略

ⓒ著作権所有

定価（本体3000円＋税）

編 著 者	錦織 一臣 (にしき おり かず おみ)
発 行 者	株式会社 養賢堂
	代 表 者 及川 清
印 刷 者	新日本印刷株式会社
	責 任 者 渡部明浩

発 行 所　〒113-0033 東京都文京区本郷5丁目30番15号
株式会社 養賢堂
TEL 東京(03)3814-0911　振替00120
FAX 東京(03)3812-2615　7-25700
URL http://www.yokendo.com/

ISBN978-4-8425-0571-8　C1045

PRINTED IN JAPAN　　製本所　新日本印刷株式会社
本書の無断複写は著作権法上での例外を除き禁じられています。
複写される場合は、そのつど事前に、（社）出版者著作権管理機構
（電話 03-3513-6969、FAX 03-3513-6979、e-mail:info@jcopy.or.jp）
の許諾を得てください。